天津市教委（艺术学）一般项目——20102316

天津美术学院"十二五"规划教材立项及资助项目
"THE TWELFTH FIVE-YEARS"PLANNING,PROGRAMS OF TEACHING
MATERIAL & AID FINANCIALLY,TAFA

主编◎高 颖 彭 军

欧洲近现代建筑

东华大学出版社
·上海·

图书在版编目（CIP）数据

欧洲近现代建筑 / 高颖，彭军主编．—上海：东华大学出版社，2015.10

ISBN 978-7-5669-0638-0

Ⅰ．①欧… Ⅱ．①高… ②彭… Ⅲ．①建筑—介绍—欧洲—近现代 Ⅳ．① TU-865

中国版本图书馆 CIP 数据核字 (2015) 第 098623 号

责任编辑：马文娟　　李伟伟
封面设计：戚亮轩

欧洲近现代建筑
OUZHOU JINXIANDAI JIANZHU

主　　编：高 颖　彭 军
出　　版：东华大学出版社（上海市延安西路 1882 号　邮政编码：200051）

出版社网址：http://www.dhupress.net
天猫旗舰店：http://dhdx.tmall.com
营 销 中 心：021-62193056　62373056　62379558
印　　刷：深圳市彩之欣印刷有限公司
开　　本：889 mm×1194 mm　1/16
印　　张：7.5
字　　数：264 千字
版　　次：2015 年 10 月第 1 版
印　　次：2015 年 10 月第 1 次印刷
书　　号：ISBN 978-7-5669-0638-0/TU·022
定　　价：68.00 元

前　言

过去的 200 多年，人类文明经历了前所未有的大发展，欧洲大陆发生的工业革命，使得物质极大丰富，甚至生产出了以往所有时期物质的总和，人类不再单单依靠自然能量，交通极其便捷，生产生活日益集中，城市化不断扩大。近现代建筑率先在欧洲得以发展，是探索新建筑发展之路的最前沿阵地，并成为影响全球的主流思潮。

第二次工业革命、信息革命更是拉近了世界各个角落的距离，深深影响我们的生活行为方式。可以说科技倍增式的发展，其速度之快，令人始料未及。在科技以超出人们想象的速度发展的今天，人们也同样无法想象今后建筑能够达到的高度。欧洲的建筑设计师，本着让人类诗意栖居的原则，执当代最新科技之手，走艺术化之路，这些成功的实践无疑都值得我们深入揣摩、学习。通过对欧洲近现代建筑发展过程的重新审视，是为了点亮历史，照亮未来。

本书共分为六章：第一章工业革命前后的近代建筑；第二章新建筑的早期探索；第三章两次世界大战之间的新建筑运动；第四章现代主义建筑的普及与发展；第五章现代主义之后的建筑思潮；第六章欧洲现代建筑评析。

第一至五章完整讲述欧洲近现代建筑的发展历程，案例主要包括工艺美术运动、法国新艺术派、比利时先锋派、德国青年风格派、苏格兰格拉斯哥学派、维也纳分离派、高迪建筑、复古主义、表现派、未来派、荷兰风格派、俄国构成派、立体主义、达达主义、超现实主义、理性主义、粗野主义、典雅主义、密斯风格、高技派、象征主义、银色派、白色派、新陈代谢派、地域主义、后现代主义、新理性主义、新地域主义、解构主义、新现代主义、发展的高技派、极少主义等建筑设计风格与流派。同时对格罗皮乌斯、勒·柯布西耶、密斯·凡·德罗、弗兰克·劳埃德·赖特、阿尔瓦·阿尔托、罗伯特·文丘里、阿尔多·罗西、查尔斯·柯里亚、伯纳德·屈米、弗兰克·盖里、雷姆·库哈斯、扎哈·哈迪德、理查德·迈耶、理查德·罗杰斯、诺曼·福斯特、雅克·赫尔佐格、皮埃尔·德梅隆等建筑设计大师及其作品进行较为细致的阐述。

第六章列举大量的欧洲近现代经典建筑设计案例进行深入剖析，主要包括欧洲目前最大的建筑工程项目——德国汉堡港口新城，涵盖了易北河音乐厅、H2O "被动屋"、联合利华总部大楼、AM KAISERKAI 56 住宅、《明镜周刊》总部大楼、SPV1-4 苏门答腊办公大厦、马可波罗塔等主要建筑单体；杜塞尔多夫新媒体港湾，涵盖了杜塞尔多夫海关大楼、威斯特法伦州经济研究所大厦、Hafen 大厦、杜塞尔多夫城市之门等主要建筑单体及汉堡 Dockland 办公楼、汉诺威北德意志银行、挪威奥斯陆现代歌剧院、荷兰阿姆斯特丹眼睛电影文化中心。

本书是作者多年来一直从事环境艺术设计专业相关课程的教学、科研工作的经验总结，也是作者对欧洲城市景观亲身考察的真实体会，综合了多年的教材积淀和最前沿的一手素材。本书在写作深度、广度等方面都充分尊重环境设计专业独有的特征，适用于环境艺术设计专业相关课程的专业教材；适用于建筑设计、城市规划设计、城市景观设计等相关专业的课程辅助教材；适用于从事建筑、园林景观、城市规划等相关专业设计师的参考资料。本书选用的案例均是欧洲最前沿的建筑案例，甚至许多还是在建项目，能真实反映欧洲现代建筑设计的现状和未来发展趋势。本书同时也是天津市社科类市级科研课题"用设计诠释生活——欧洲城市景观当代特征研究"的重要组成部分，是天津美术学院"十二五"规划资助教材项目之一，是天津市市级精品课程"景观艺术设计"的完善与延展。

由于作者所从事专业的局限性，笔者专业知识和水平有限，编写时间仓促，书中难免有所谬误，恳请广大读者提出宝贵建议，共同推动环境艺术事业的发展，在此表示诚挚的谢意！

编者

目录

Contents

目录

Contents

|第一章| 工业革命前后的近代建筑

工业革命前后的近代建筑指 18 世纪下半叶至 19 世纪下半叶的建筑。在这一时期发生了诸多影响人类文明进程的事件，如 1640—1660 年爆发的英国资产阶级革命标志着世界历史进入了近代阶段，1760—1842 年英国工业革命爆发，1789—1794 年法国发生资产阶级革命，同期美、德等国也先后开始了工业革命，欧洲封建制度逐渐瓦解，资本主义制度蔚然形成。

工业革命是社会生产从手工工场向大机器工业的过渡，是生产技术的根本变革，同时又是一场剧烈的社会关系的变革。崭新的社会生产关系和飞速发展的生产力，不可避免地改变了人类对建筑的诉求，给城市带来诸多有待解决的问题，给当时的城市建设带来了挑战与机遇，是复古还是革新，两种思潮交织演绎，新旧因素并存，一种不同以往的新风格建筑正在孕育着。

第一节 工业革命带来的新材料、新技术

在 19 世纪中叶，工业革命已从轻工业扩至重工业，由于铁产量大增，使得新的建筑材料、结构技术、设备、施工方法不断出现；19 世纪后期，钢产量大增，与此同时水泥也渐渐用于房屋建筑，并出现了钢筋混凝土结构。

一、钢铁结构的使用

古代建筑中已有金属作为建筑材料的应用了，但作为大量的、主要的建筑材料的应用则始于近代，先是用铁做房屋内柱，接着做梁和屋架，还用铁制作穹顶。新材料、新技术的应用突破了传统建筑高度与跨度，建筑在平面与空间的设计上有了更大的自由度，并由内及外影响到建筑外部形式。

图 1-1-2 巴黎法兰西剧院

图 1-1-3 巴黎老王宫外檐

图 1-1-4 巴黎老王宫内部

图 1-1-1 勃洛克林桑德兰桥

（一）铁桥

1775—1779 年第一座生铁桥在英国塞文河上建造起来。1793—1796 年在伦敦又出现了更新式的单跨拱桥——勃洛克林桑德兰桥（图 1-1-1），全长达 72 米。

（二）铁质屋顶

1786 年巴黎法兰西剧院建造的铁结构屋顶（图 1-1-2）；1801 年建的英国曼彻斯特的萨尔福特棉纺厂生产车间，首次采用了工字形的断面生铁梁柱和承重墙混合承重；1818—1821 年英国布莱顿的印度式皇家别墅，重约 50 吨的铁制大穹顶被支撑在细瘦的铁柱上。

二、铁、玻璃的结合使用

生铁与玻璃的结合使用，主要是为了解决采光的特殊需要。具有代表性的建筑如 1829~1831 年建造的巴黎老王宫的奥尔良廊（图 1-1-3、图 1-1-4）；1833 年建造的第一个完全以铁架和玻璃构成的巨大建筑物——巴黎植物园的温室；1851 年建造的伦敦"水晶宫"。

三、钢铁框架结构

框架结构最初在美国兴起，其主要特点是以生铁框架代替承重墙，外墙不再承重，从而使外墙立面得到解放。在新结构技术的条件下，建筑在层数和高度都出现了巨大的突破。

1854 年建造的纽约哈珀兄弟大厦，以及 1858-1868 年建造的巴黎圣日内维夫图书馆（图 1-1-5），也是初期生铁框架形式的代表。此外还有英国利兹货币交易所、伦敦老火车站、米兰埃曼尔美术馆、利物浦议院、伦敦老天鹅院、耶鲁大学法尔南厅等。而第一座依照现代钢框架结构原理建造起来的高层建筑是 1883-1885 年建造的芝加哥家庭保险公司大厦。

第二节 新建筑类型的不断涌现

19 世纪后半叶，随着人们生活方式的改变，新的建筑类型（如工厂、仓库、住宅、铁路建筑、办公建筑、商业服务建筑、火车站、图书馆、百货公司、博览会等）不断出现，以往的宫殿、教堂等建筑退居次要地位。这些现象迫使建筑必须跟上发展的步伐，因此人们开始寻找解决新技术与旧建筑形式之间矛盾的方法。

19 世纪后半叶，作为近代工业的发展和资本主义工业品在世界市场竞争的结果，博览会应运而生，其展览馆也就成为

图 1-1-5 巴黎圣日内维夫图书馆

新建筑的"秀场"。其中1851年在英国伦敦海德公园举行的伦敦万国工业产品大博览会的"水晶宫"展览馆，以及1889年在法国巴黎举行的世界博览会中的"埃菲尔铁塔"与"机械馆"的出现，被认为是开辟了建筑形式与预制装配技术的新纪元。

随着数学、力学、结构科学的形成和发展，在19世纪后期掌握了一般建筑结构的内在规律，建立了实际工程需要的计算理论和方法，从而能够改进原有的结构形式，有目的地创造优良的新型结构。建筑业的生产经营转入资本主义经济轨道，房屋成为商品，其在最短的时间内以最少的投资获取最大的利润的本质，对建筑设计、建造工期、建造成本、建筑观念等均有了新的要求。建筑师成为自由职业者，积极参与到商品活动的社会运营中。

一、英国伦敦水晶宫

英国为第一届世博会（万国工业博览会）而建的展馆建筑，原建于伦敦海德公园内，是工业革命时代的标志性建筑。建筑面积约7.4万平方米，宽124.4米，长564米，共5垮，高3层。整栋建筑建筑共用去铁柱3300根，铁梁2300根，玻璃9.3万平方米。1852-1854年，水晶宫被移至肯特郡的塞登哈姆，重新组装时，将中央通廊部分原来的阶梯形拱顶改为筒性拱顶，与原来纵向拱顶一起组成了交叉拱顶的外形。1936年，该建筑毁于火灾。

英国设计师、园艺师约瑟夫·帕克斯顿在施工期短，造价要求苛刻，可拆除等的条件束缚下，凭借曾建造的植物园温室和铁路站棚的经验，设计出以铁为主要构架，以玻璃为墙面，通体透明，宽敞明亮，被誉为"水晶宫"的创世之作（图1-2-1、图1-2-2）。

从1850年8月到1851年5月，水晶宫仅用了八个月即全部竣工，正是因为这幢建筑的几何形状，建筑尺度的模数化、定型化、标准化，以及工厂化生产，使其成为现代化大规模工业生产技术的结晶。它负担了全新的功能，实现了要求巨大的内部空间；它大大缩短建造工期，并大大降低了造价；在新材料和新技术的运用达

图1-2-1 英国伦敦水晶宫外部（复原图）

图1-2-2 英国伦敦水晶宫内部（复原图）

到了一个新高度；实现了形式与结构、形式与功能的统一；彻底摒弃了古典主义的装饰风格，也因此成为此次博览会毫无争议的、最为成功的"展品"。

二、埃菲尔铁塔

埃菲尔铁塔位于法国巴黎市中心塞纳河左岸的战神校场上，是 1884 年法国政府为庆祝 1789 年法国资产阶级大革命一百周年，举办世界博览会而建的永久性纪念物。该塔是由法国著名工程师古斯塔夫·埃菲尔设计，其落成后便以设计者的名字命名。铁塔占地 12.5 公顷，高 320.7 米，重约 7000 吨，由 18038 个优质钢铁部件和 250 万个铆钉铆接而成。底部有 4 个腿向外撑开，在地面上形成边长为 100 米的正方形，塔腿分别由石砌礅座支承，地下有混凝土基础。在塔身距地面 57 米、115 米和 276 米处分别设有平台，距地面 300 米处的第 4 座平台为一座气象站。自底部至塔顶的步梯共 1711 级踏步，另有 4 部升降机（以蒸汽为动力，后改为可容 50~100 人的宽大电梯）通向各层平台。1959 年顶部增设广播天线，塔增高到 320 米（图 1-2-1、图 1-2-2）。埃菲尔铁塔于 1887 年 11 月 26 日动工，1889 年 3 月 31 日竣工，历时 21 个月。1889 年以前，人类所造的建筑物的高度从来没有达到 200 米，埃菲尔铁塔把人工建造物的高度一举推进到 300 米，是近代建筑工程史上的一项重大成就。

图 1-2-1 巴黎埃菲尔铁塔

图 1-2-2 巴黎埃菲尔铁塔细部

| 第二章 | 新建筑的早期探索

新建筑的早期探索时期指 19 世纪下半叶至 20 世纪初。这一时期以德国、法国、英国、美国为代表的资本主义国家生产技术飞速进步，铁和钢筋混凝土的应用日益广泛，新功能、新技术与古典形式之间的矛盾也日益突出。这些促使人们在建筑形式上开始摒弃古典建筑的永恒范例，掀起了一场积极探求新建筑的运动。就是这些探索，摆脱了复古主义、折衷主义的美学羁绊，使建筑观念驶向了现代化轨道。

第一节 探求新建筑的运动

新建筑思潮先后出现在不同的国家，有侧重于从形式上变革的新艺术运动；有以功能来统一技术与形式关系的美国芝加哥学派；也有要为新技术寻找一种能说明其美学观念和艺术形式的德意志制造联盟。其目的都是为了探求一种能适应变化着的社会需求的新型建筑。

一、探求新建筑的先驱

（一）申克尔（1781—1842，德国）

申克尔最初热衷于希腊复兴，后提出建筑艺术中的时代性问题，并在建筑设计中进行了一些新的探索，如对柏林百货商店的改造。

（二）桑珀（1803—1879，德国）

桑珀提出建筑应符合时代精神，建筑的艺术形式应与工业化生产相结合，即建造手段决定建筑形式，应反映功能与材料、技术的特点。他曾参加过"水晶宫"的建造。

（三）拉布鲁斯特（1801—1875，法国）

拉布鲁斯特在巴黎圣日内维图书馆与法国国立图书馆设计中，使用了新的材料与结构，并使之展露在外，造型开始净化。

二、工艺美术运动

（一）概述

工艺美术运动 19 世纪 50 年代在英国出现，得名于 1888 年成立的艺术与手工艺展览协会。主要代表人物是英国诗人、文艺批评家拉斯金和画家、工艺美术设计师莫里斯等人。工艺美术运动针对装饰艺术、家具、室内产品、建筑等领域，是由于工业化批量生产导致艺术性和质量的下降而开始的设计改良运动，是资产阶级浪漫主义思想的反映。

（二）影响

1. 积极方面

工艺美术运动主张设计为大众服务；反对复兴风格，提倡哥特风格。首先提出了"美与技术结合"的原则，主张美术家从事设计，反对"纯艺术"；追求自然纹样，反对直线，主张有机的曲线；忠实于材料和适应使用目的，力求功能、材料、艺术造型的完美结合；在建筑上主张建造"田园式"的住宅来摆脱古典建筑。

2. 消极方面

始终站在工业生产的对立面，把使用机器看成是一切文化的敌人，反对批量生产，他们向往过去，主张回到手工业生产，这无疑是违背历史发展潮流的。进入 20 世纪，英国工艺美术转向形式主义的美术装潢，追求表面效果。

（三）主要代表作

威廉·莫里斯和菲利普·韦伯合作设计的"红屋"；美国甘布尔兄弟设计的甘布尔住宅。"红屋"是位于英国伦敦郊区肯特郡的住宅，是英国哥特式建筑和传统乡村建筑的完美结合，呈自由式布局平面型，红砖表面没有任何装饰，以材料本身表现其质感，自然、简朴、实用，颇具田园风情（图 2-1-1）。

图 2-1-1 红屋

三、新艺术运动

19 世纪 80 年代的新艺术运动始于法国的巴黎和南斯，1890—1910 年达到顶峰，被认为是"现代设计的肇始"。它承接了古典艺术之风，同时又融入了现代工业文明气息，深刻影响整个欧洲。法国称之为新艺术派，比利时称之为先锋派，德国称之为青年风格派，英国称之为格拉斯哥学派，奥地利称之为维也纳学院派，并发展为分离派。被后人誉为"后现代派的始祖"的西班牙建筑大师高迪，则另辟蹊径，独创出塑性建筑。

新艺术运动是人们从农业文明跨入工业文明过渡时期复杂情感的反映，他们不拒绝使用新材料，但又不能抛弃欧洲中世纪艺术和 18 世纪洛可可艺术的造型痕迹和手工艺文化，是传统的审美观与新审美观正面交锋的产物。在设计发展史上，"新艺术运动"在处理设计的形式与功能、技术与艺术之间的关系上，比工艺美术运动的范畴更宽，并且将艺术载体延伸到了实用的产品上。

新艺术运动是由一些杰出的独立艺术家来推动的，而不是一个成系统的体系。艺术家们提倡"回归自然"，以植物、花卉和昆虫等自然事物作为装饰图案的素材，以象征有机形态的抽象曲线作为装饰纹样。在建筑上，他们极力反对复古，强调使用新材料、新结构的同时，要注重它们的艺术性，意欲创造一种前所未有的，能适应工业时代精神的装饰方法，使建筑呈现精雕细琢般的品质。

尽管新艺术运动风格在各国之间有很大差别，但都是企图在艺术、手工艺之间找寻一个平衡点。在建筑中只局限于艺术形式与装饰手法，不过是以一种新的形式反对传统形式而已，未能全面解决建筑形式与内容的关系，以及与新技术的结合问题。其依然是为豪华、奢侈的少数权贵服务，这就决定了这场运动的延存时间和生存空间是有限的，这场运动在 20 世纪初迅速被一个新的设计时代——现代主义所取代。

（一）法国新艺术派

新艺术派推崇艺术与技术紧密结合的设计，推崇精工制作的手工艺，要求设计、制作出的产品美观实用。

1. 代表人物

1895 年，法国设计师兼艺术品商人萨穆尔·宾在巴黎开设了设计事务所"新艺术之家"，并与一些同行朋友合作，决心改变产品设计现状。1898 年，朱利斯·迈耶·格拉斐在巴黎开设名为"现代之家"的设计事务所和展览中心；1898 年，以埃克多·基马为代表的六位设计家组成"六人集团"。

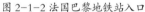
图 2-1-2 法国巴黎地铁站入口　　　　　　　　　　图 2-1-3 法国巴黎地铁站入口

2. 代表作

代表作有法国巴黎地铁站入口系列（图 2-1-2、图 2-1-3），设计师为埃克多·基马。

该系列作品共有 100 多个，统一采用青铜和其他金属铸造而成。支柱模仿扭曲的树木枝干，缠绕的藤蔓；顶棚采用海贝的形状来处理。装饰精致、华美。

（二）比利时先锋派

比利时先锋派与法国的运动风格非常相似，其影响力仅次于法国，比利时因此也被称为新艺术运动之都。先锋派反对历史样式，主张艺术与技术的结合，反对漠视功能的纯装饰主义和纯艺术主义，力求在功能和装饰之间取得很好的平衡关系。主张采用自然主义的装饰动机，大量采用曲线，特别是花草枝蔓，纠缠不清地组成复杂的图案，建筑装饰中大量应用铁构件。

1. 代表人物

主要的设计组织有 1884 年成立的"二十人小组"和后来由它改名的自由美学社。重要的代表人物有维克多·霍塔和享利·凡德·威尔德。

享利·凡德·威尔德堪称 19 世纪末和 20 世纪初比利时最为杰出的设计家、设计理论家和建筑家，是现代设计史上最重要的奠基人之一。他支持新技术，曾经指出："技术是产生新文化的重要因素，根据理性结构原理所创造出来的完全实用的设计，才能够真正实现美的第一要素，同时也才能取得美的本质。"享利·凡德·威尔德于 1906 年在德国魏玛建立的一所工艺美术学校，成为德国现代设计教育的初期中心，日后又成为世界著名的包豪斯设计学院。

1. 图 2-1-4 霍塔公馆外檐
2. 图 2-1-5 霍塔公馆外檐细部
3. 图 2-1-6 霍塔公馆室内细部
4. 图 2-1-7 霍塔公馆室内细部

2. 代表作

代表作为比利时霍塔都灵路 12 号住宅，俗称霍塔公馆（图 2-1-4 ~ 图 2-1-7），设计师为维克多·霍塔。

该作品是维克多·霍塔将其设计观念体现在民用建筑上的大胆尝试，地上三层加上阁楼和以服务为主的地下室构成，用大量的非几何弯曲线条对建筑物加以装饰，钢铁不再隐藏在建筑结构里，展现在外面。室内以自然曲线作为主要的构成元素，摒弃古典装饰传统，经常使用葡萄蔓般相互缠绕和螺旋扭曲的线条，墙面、家具、栏杆及窗棂等装饰莫不如此，创造出风行一时的流线风格，被称为"比利时线条"，是比利时新艺术的代表性特征。门厅和楼梯带有彩色玻璃窗和马赛克瓷砖地板，饰有盘旋缠绕的线条团，整体和谐统一，被誉为新艺术运动最为标准的定型作品。

（三）德国青年风格派

在德国，慕尼黑的年轻艺术家们根据一本"青年杂志"的名称，把这种新风格定名为"青年风"，意为摆脱传统，向往自然，追求新生命。青年风格派强调装饰，反对大工业时代千篇一律的廉价艺术品，模仿草木、花卉、藤蔓之形状，凭主观印象，抽象地描绘自然飘逸的细长线条。青年风格派倡导的观念流行于德国建筑、美术、手工艺及室内装潢等方面。

1. 代表人物

代表人物为彼得·贝伦斯（1868—1940），是德国现代设计的奠基人，被视为德国现代设计之父。早期受新艺术运动影响，也有类似于分离派的探索。他以慕尼黑为中心进行设计试验，后来其功能主义和采用简单几何形状的倾向都表明他开始有意识地摆脱新艺术风格，朝现代主义的功能主义方向发展。

2. 代表作

代表作有路德维希展览馆（图2-1-8），设计师为奥尔布里希。

1899年，恩斯特·路德维希大公在此建立了达姆施塔特艺术家村，今天仍是达姆施塔特的文化中心。

（四）英国苏格兰格拉斯哥学派

格拉斯哥学派集中地反映在装饰内容和手法的运用上。他们主张建筑应顺应形势，不再反对机器和工业，后来抛弃了英国工艺美术运动以曲线为主的装饰手法，提出"方形风格"，改用直线，以黑白两色为主，改变了"只有曲线才是优美"的新艺术运动原则，是几何抽象风格的先驱。

1. 代表人物

该学派的代表人物为格拉斯哥四人团：查尔斯·雷尼·麦金托希、赫伯特·麦克内尔、马格蕾特·麦克唐纳、法朗西丝·麦克唐纳。

2. 代表作

代表作有格拉斯哥艺术学院（图2-1-9），其位于苏格兰格拉斯哥市中心，是英国最古老的，也是英国仅有的几所独立的艺术学院之一。由英国著名建筑师查尔斯·雷尼·麦金托希设计了格拉斯哥艺术学校的主楼，后来已成为来自世界各地参观者的圣地。学院由三个部分组成——美术学校、设计学校和建筑学校，尤其是该校的建筑专业（又称麦金托什建筑学校）在国际上声誉超卓。

（五）奥地利维也纳学院派和分离派

1. 维也纳学院派

维也纳学院派的口号是"艺术应合乎时尚，艺术应获得自由"，指出建筑形式应是对材料、结构与功能的合乎逻辑的表述；提出设计要为现代人服务的观点；反对复古，认为没有用的东西不可能美，推崇整洁的墙面、水平线条和平屋顶，尽可能使用新材料，如玻璃、钢材等。

图 2-1-8 路德维希展览馆

图 2-1-9 格拉斯哥艺术学院

图 2-1-10 维也纳邮政储蓄银行外檐

图 2-1-11 维也纳邮政储蓄银行外檐细部

图 2-1-12 维也纳分离派展览馆

图 2-1-13 维也纳分离派展览馆正面

（1）代表人物

奥托·瓦格纳，被誉为奥地利现代主义建筑之父，是奥地利新艺术的倡导者，著有《论现代建筑》，1895年出版。瓦格纳的见解对他的学生影响很大，以至后来维也纳学派中的一部分人成立了"分离派"。

（2）代表作

该学派代表作为维也纳邮政储蓄银行（图2-1-10、图2-1-11），设计师为奥托·瓦格纳。

维也纳邮政储蓄银行是一个地地道道的工业化的产物，处处都闪动着简约、实用的光辉。大楼呈立方体，高6层，立面对称，墙面划分严整，正面用砖墙砌成，然后覆盖上1英寸厚的花岗岩石板，用17000颗大铆钉深嵌进墙壁。

2.分离派

分离派是由一群先锋艺术家、建筑师和设计师组成的团体，因他们标榜与传统和正统艺术分道扬镳，故自称"分离派"。他们追求把艺术、优秀设计与生活密切结合，口号是"时代的艺术，自由的艺术"，主张造型简洁和集中装饰，装饰的主题是采用直线、大片光墙面，以及简单的立方体。

（1）代表人物

①约瑟夫·霍夫曼

约瑟夫·霍夫曼在新艺术运动中取得的成就甚至超过了他的老师瓦格纳，他于1903年发起成立了维也纳工业同盟。其一生在建筑设计、平面设计、家具设计、室内设计、金属器皿设计方面作出了巨大的贡献。

②约瑟夫·奥尔布里希

约瑟夫·奥尔布里希继承了瓦格纳的建筑新观念，设计完成维也纳分离派展览馆。

（2）代表作

代表作有维也纳分离派展览馆（图2-1-12、图2-1-13），设计师为约瑟夫·奥尔布里希。

维也纳分离派展览馆是为维也纳分离派举行年展所设计的。建筑以几何形的结构和极少数的装饰为主，整体庄重、典雅。同时运用了大量的对比手法，如矩形的大与小的对比、横与纵的对比、方与圆的对比、明与暗的对比、石材与金属的对比等。

（六）西班牙建筑

1.代表人物

西班牙建筑的代表人物是安东尼奥·高迪（1852—1926），他被誉为"上帝的建筑师""建筑史上的但丁""筑梦师"，在联合国世界文化遗产名录中，安东尼奥·高迪是唯一列身其中的建筑师。这位具有独特风格的建筑师和设计家，虽被归为新艺术派，但却另辟蹊径，独创了具有隐喻性的塑性建筑，他的设计不单纯复古而是采用折衷处理，把各种材料混合利用。高迪认为大自然界是没有直线存在的，直线属于人类，而曲线才属于上帝。高迪把巴塞罗那当作自己挥洒的舞台，为世界留下了古埃尔公园、米拉公寓、巴特罗之家、圣家族教堂等 18 件不朽的建筑杰作。

2. 代表作

（1）圣家族教堂

圣家族教堂又译作"神圣家族教堂"，简称为"圣家堂"，设计师为安东尼奥·高迪。位于西班牙加泰罗尼亚地区的巴塞罗那市区中心，是巴塞罗那的标志性建筑。教堂始建于 1882 年，目前仍在修建中，已经建设了 126 年（图 2-1-14 ~ 图 2-1-16）。

图 2-1-14 圣家族教堂外檐

图 2-1-15 圣家族教堂外檐夜景

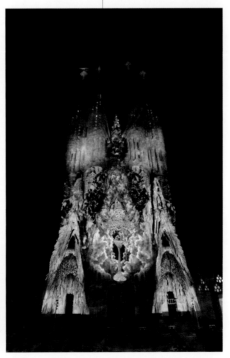

图 2-1-16 圣家族教堂室内

图 2-1-17 巴特罗公寓外檐

图 2-1-18 巴特罗公寓外檐细部

图 2-1-19 巴特罗公寓屋顶

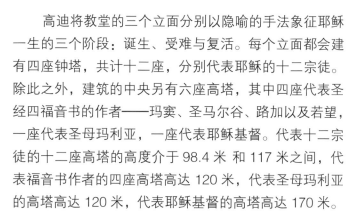

高迪将教堂的三个立面分别以隐喻的手法象征耶稣一生的三个阶段：诞生、受难与复活。每个立面都会建有四座钟塔，共计十二座，分别代表耶稣的十二宗徒。除此之外，建筑的中央另有六座高塔，其中四座代表圣经四福音书的作者——玛窦、圣马尔谷、路加以及若望，一座代表圣母玛利亚，一座代表耶稣基督。代表十二宗徒的十二座高塔的高度介于 98.4 米 和 117 米之间，代表福音书作者的四座高塔高达 120 米，代表圣母玛利亚的高塔高达 120 米，代表耶稣基督的高塔高达 170 米。

（2）巴特罗公寓

巴特罗公寓建于 1877 年，设计师为安东尼奥·高迪。。1903 年，由巴特罗以相当于 3000 欧的价格将房子买下。1904 年，他仰慕高迪的才气，于是把这幢房子交给高迪改建。经高迪改建的巴特罗之家的设计理念来源于一个神话故事：一位美丽的公主被龙困在城堡里，加泰罗尼亚的英雄圣·乔治为了救出公主与龙展开了搏斗，用剑杀死了龙。龙的血变成了一朵鲜红的玫瑰花，圣·乔治把它献给了公主。所以这座房子的每一处设计都有着特殊的含义——十字架形的烟囱代表英雄，鳞片状拱起的屋顶是巨龙的脊背，镶嵌彩饰的玻璃和构思独特的阳台则是代表面具等（图 2-1-17 ～图 2-1-19）。

巴特罗公寓入口和下面二层的墙面模仿溶岩和溶洞，上面几层阳台的栏杆做成了假面舞会的面具模样，公寓外墙缀满了蓝色调的西班牙瓷砖。巴特罗公寓还是一栋"柔软"的建筑，之所以说它柔软，是因为它不像一般建筑那样有着刚毅的直线条。巴特罗公寓整体的设计找不到直线，完全由各种曲线造型构成（图 2-1-20 ～图 2-1-22）。

图 2-1-20 巴特罗公寓室内

图 2-1-21 巴特罗公寓室内

图 2-1-22 巴特罗公寓室内

第二节 美国的芝加哥学派与赖特的草原式住宅

一、高层建筑的发展与芝加哥学派

芝加哥学派兴起于 19 世纪 70 年代，是美国最早的建筑流派，是现代建筑在美国的奠基者。芝加哥学派的兴盛时期是 1883—1893 年，这一时期，他们明确提出形式服从功能的观点。它的重要贡献是在工程技术上创造了高层金属框架结构和箱型基础，使楼房层数超过 10 层甚至更高；在建筑设计上肯定了功能和形式之间的密切关系，为了增加室内的光线和通风，出现了宽度大于高度的横向窗子，被称为"芝加哥窗"，建筑造型趋向简洁、明快与实用，使芝加哥成为高层建筑的故乡。

然而，由于商业古典主义风格的再次复兴，芝加哥学派如昙花一现，只存于芝加哥一地，十余年间便烟消云散了。

（一）代表人物

1. 路易斯·沙利文

路易斯·沙利文是芝加哥学派的中坚人物和理论家。他首先提出了建筑的功能性，并提出了"形式服从功能"的口号，进一步强调"哪里功能不变，形式就不变"。路易斯·沙利文最杰出的建筑设计作品是卡森皮里斯科公司商场设计。

2. 工程师詹尼

詹尼是芝加哥学派的创始人。代表作有 1879 年设计建造的第一拉埃特大厦；1885 年完成的"家庭保险公司"十层办公楼的建造，标志着芝加哥学派的开始。

（二）代表作

1. 芝加哥 C.P.S 百货公司大楼

芝加哥 C.P.S 百货公司大楼立面采用三段式结构，设计师为路易斯·沙利文。底层和二层为功能相似的第一段，上面各层办公室为第二段，顶部设备层为第三段。该建筑具有高层、铁框架、横向大窗和简单立面等建筑特点，是芝加哥建筑学派中最有力的代表作（图 2-2-1）。

2. 蒙纳德诺克大厦

蒙纳德诺克大厦建于 1891 年，是芝加哥最后一座采用砖墙承重的高层建筑，设计师为伯纳姆与鲁特。其高度为 197 英

图 2-2-1 芝加哥 C.P.S 百货公司大楼

图 2-2-2 蒙纳德诺克大厦

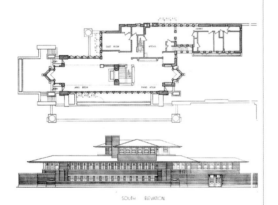

图 2-2-3 罗比住宅平面、立面

尺，长度为 400 英尺，宽度为 66 英尺，地上有 16 层。它是世界上用砖头修建的最高的大厦，也是第一个使用抗风门脉系统的大厦，大厦中的电梯是第一个用于大楼建设的铝制电梯。据有关文献记载，1891 年创造的新词 "Skyscraper" 即摩天大楼，就是指的这幢楼房，它被誉为摩天大楼的"活化石"（图 2-2-2）。

二、草原式住宅

草原式住宅最早出现在 20 世纪初期，"草原"用以表示他的住宅设计与美国中部一望无际的大草原结合之意，是为了满足资产阶级对现代生活的需要与对建筑艺术猎奇的结果。草原式住宅在造型上力求新颖，彻底摆脱折衷主义；在布局上与大自然结合，使建筑与周围环境融为一体；平面常作成十字形，把起居室、书房、餐室都围绕壁炉布置，卧室常放在楼上；层高一般较低，出檐大，故室内较暗淡；深远的挑檐、阳台与花台组成的水平线条与垂直的烟囱统一起来，打破单调的水平线条；起居室开窗较大，以保持与自然界的接触；外墙多为砖石、木框架和白色粉墙，与自然界协调一致。

1. 代表人物：弗兰克·劳埃德·赖特

弗兰克·劳埃德·赖特是美国著名的现代派建筑大师，他创造了融合浪漫主义想象力并富于田园诗意的"草原式住宅"。赖特后来提出的"有机建筑"便是这一概念的发展。

赖特的草原式住宅当时在芝加哥城郊颇受欢迎，但未受美国的普遍重视，但其名声传至欧洲，并引起德国、荷兰的极大兴趣。赖特在摆脱了折衷主义的框框后，走上体型组合的道路，创造了新的建筑构图手法，为美国现代建筑的发展起到了积极的探索作用。

2. 代表作

罗伯茨住宅（图 2-2-3 ~ 图 2-2-5），设计师为弗兰克·劳埃德·赖特。

罗伯茨住宅是赖特草原式住宅的顶峰之作，建于 1907 年，住宅紧靠闹市。其屋顶、带状水泥横条、挑檐形成的水平线条具有音乐节奏般的韵律；同时与垂直间断有序的墙体形成对比；配上红色特殊罗马砖块，结合周围的树木，呈现出一种沉静的诗意氛围。

第三节　法国对钢筋混凝土的应用

　　1865 年，法国园艺家约琴夫·莫尼埃在砌花坛时，为防止被人踩坏，试着将铁丝编成根的形状，将黏合性更好的水泥、沙子、小石子浇灌一起，这就是钢筋混凝土的雏形。1875 年，他建成了世界上第一座钢筋混凝土桥，这是钢筋混凝土在建筑上的首次大胆尝试。

　　随后，大工业生产为建筑技术的发展创造了良好的条件，新材料、新结构在建筑中得到了广泛的试验机会。钢筋混凝土首先在法国和美国得到发展，19 世纪末到 20 世纪初被广泛应用，这些都给建筑结构方式与建筑造型提供了新的可能性，使得空间不再为结构所阻碍，可以更自由、更合理地布置建筑平面和空间，这在 20 世纪的头十年里几乎被认为是一切新建筑的标志。

　　代表人物

　　1. 法国建筑师保尔·阿巴蒂

　　保尔·阿巴蒂于 1894 年在巴黎设计的蒙玛尔特教堂，又称为"圣心教堂"（图 2-3-1），这是第一个用钢筋混凝土框架建造的教堂。

　　2. 法国建筑师佩雷

　　佩雷善于运用钢筋混凝土显示新结构的艺术表现力。代表作品有巴黎富兰克林路 25 号公寓（1903 年）、庞泰路车库（1905 年）。

　　3. 瑞士工程师马亚尔

　　马亚尔于 1910 年在苏黎世城设计建造了世界上第一座无梁楼盖的仓库。

第四节　德意志制造联盟

　　19 世纪末，德国的工业水平迅速赶上了老牌资本主义国家英国和法国，跃居欧洲第一位。但在工业产品的出口上，德国却始终处于劣势，难以与英国的风格简洁、功能实用的产品和法国的具有自由风格的应用艺术品相抗衡。为了使后起的德国商品能够占领国外市场，德国建筑师穆蒂休斯在对英国的设计风格和建筑发展进行了

图 2-2-4 罗比住宅外檐

图 2-2-5 罗比住宅室内

图 2-3-1 蒙玛尔特教堂

细心的考察后，于1907年在慕尼黑发起，由彼得·贝伦斯、T.菲舍尔、H.穆蒂修斯、F.瑙曼、R.里默施密德、F.舒马赫等一大批企业家、技术人员等组成全国性的"德意志制造联盟"，目的在于提高工业制品和建筑的质量，以求达到国际水平。

德意志制造联盟的建筑师们明确提出设计的目的是人而不是物，设计师不是以自我表现为目的的艺术家；肯定标准化和用机器批量生产的方式，而设计者的任务是把标准的定型做得尽善尽美；大力宣传和主张功能主义，反对任何形式的装饰；主张通过教育、宣传提高德国设计艺术的水平，完善艺术、工业设计和手工艺。制造联盟的口号是"优质产品"。

德意志制造联盟的思想深深影响着现代建筑和设计的发展，其拥有贝伦斯等一大批优秀的建筑师，同时培养和影响了一批年轻的建筑师和设计家，其中有后来现代建筑的旗手大师格罗皮乌斯、密斯·凡·德罗、勒·柯布西耶等。

一、代表人物：彼得·贝伦斯（1868—1940）

彼得·贝伦斯是德国著名建筑师，工业产品设计的先驱，德国制造联盟的首席建筑师。现代主义建筑大师格罗皮乌斯、密斯·凡·德罗和勒·柯布西耶早年都曾在他的设计室工作过，他对德国现代建筑的发展具有深刻的影响，被誉为"现代建筑的先行者""德国现代设计之父"。

二、代表作

代表作有德国通用电气公司AEG的透平机（即涡轮机）车间和机械车间（图2-4-1）。该车间设计于1909年，为探求新建筑起了一定的示范作用。它大胆采用新材料、新技术，采用大型门式钢架结构，钢架顶部呈多边形。钢结构的骨架暴露在外，宽阔的玻璃嵌板代替了两侧的墙身，比例匀称，减弱了其庞大体量的笨重感，同时摒弃了传统的附加装饰，造型简洁，被西方称为第一座真正的"现代建筑"，在现代建筑史中是一座里程碑。

图2-4-1 德国通用电气公司AEG的透平机车间

第五节 北欧设计

在西欧和美国如火如荼地开展新艺术运动的年代里，北欧五国（芬兰、丹麦、瑞典、挪威和冰岛）并未出现工业化与手工艺的强烈冲突和对抗，而是处于一种和谐共处的平衡关系。它自成一脉，称为"北欧设计"，亦称为"斯堪的纳维亚设计"。北欧设计既包含严谨精细的手工艺传统精神，又体现大工业时期的功能主义和理性主义；既有时代特征，又极富人情味。

北欧因独特的自然条件、地理环境和地域文化，形成了自成体系的设计风格。具有崇尚朴实自然、忠实于自然材料的平民化风格，这正好与工业革命时期机械化生产所要求的产品设计简洁、经济和高效的要求相吻合。

一、代表人物：艾里尔·沙里宁

20世纪初探求新建筑的运动中，著名建筑师艾里尔·沙里宁（老沙里宁，1873—1950）设计的赫尔辛基火车站是那一时期的杰出实例。该建筑轮廓清晰、体形明快、细部简练、空间组合灵活，为芬兰现代建筑的发展开辟了道路。

二、代表作：芬兰赫尔辛基火车站

赫尔辛基火车站建于1916年，是浪漫古典主义建筑的代表作，是北欧早期现代派范畴的重要建筑实例。它拥有古典之厚重格调，但又高低错落、方圆相映，稳重而不失活泼。该建筑体现了砖石建筑的特征，又反映了向现代派建筑发展的趋势（图2-5-1、图2-5-2）。

图2-5-1 芬兰赫尔辛基火车站

图2-5-2 芬兰赫尔辛基火车站细部

|第三章| 两次世界大战之间的新建筑运动

1914—1918 年的第一次世界大战，成为欧洲历史上破坏性最强的战争之一，欧洲许多地区遭到严重破坏。由于战争中大量房屋被毁需重建，因此为各种建筑风格提供了展示的舞台，其中包括复古主义建筑、德国的表现派、意大利的未来派、荷兰的风格派、俄国的构成派建筑以及立体主义、达达主义、超现实主义等诸多西方现代艺术思想的影响。但是它们都不能从根本上提出解决建筑发展所涉及的功能与形式、艺术与科技等诸多根本性问题，人们迫切需要系统的解决适应社会科技发展的建筑发展方向。

第一次世界大战后，欧洲各国的经济困难状况促进了讲求实效的倾向，抑制了片面追求形式的复古主义做法。与此同时，新的建筑材料、技术不断涌现并逐渐成熟。钢筋混凝土整体框架普遍应用；新的计算理论和方法陆续出现；大跨和薄壳结构出现；钢结构出现在高层建筑中；玻璃生产加快，品种增多；建筑设备发展加快；铝材、不锈钢、搪瓷板用于建筑装饰；建筑施工技术相应提高。现代主义建筑至此开始登上历史的舞台，并自 20 世纪 30 年代起迅速向世界其他地区传播，于 20 世纪中叶成为建筑的主导潮流。

第一节 第一次世界大战后的建筑流派和艺术思潮

战后人心思变，社会思想意识在各个领域内都出现了许多新学说和新流派，建筑界也是思潮澎湃，新观念、新方案、新学派层出不穷。

一、复古主义

一战后，许多国家复古主义建筑仍然相当流行，但已不那么严格，常常是多种形式的混杂。

（一）古典复兴

纪念性建筑、官方建筑及一些银行、保险公司仍然用古典柱式来象征其坚强实力。这类建筑内部常采用钢筋砼结构，外形为柱式仿古，人们看不到里面的内容，形式与内容明显不统一。如英国曼彻斯特市立图书馆（1929—1934）、英国伦敦人寿保险公司（1924年）以及美国华盛顿国家美术馆（1936年）。

代表作：美国最高法院大厦（图3-1-1、图3-1-2），设计师为卡斯·吉尔伯特。

最高法院大厦坐落在华盛顿特区第一街，建成于1935年，规模宏伟、富丽堂皇。该建筑东西长385英尺，南北长304英尺，地面以上总共四层。大楼被设计成一个天枰形状，象征着法院的重要地位与尊严，象征着法院相对于政府的平等和独立，象征着最高法院在其裁判活动中作为美国正义理想的代表。正门的两侧竖有雕像：左边是一座女性雕像——正义之沉思；右边是一座男性雕像——法律之权威或守护神。外廊上有16根希腊的科林斯式大理石柱子，额枋上面是一行字"Equal Justice Under Law"（法律之下司法平等）。古希腊风格的三角楣饰上刻有9个人物的雕像，正中间的是戴着王冠的象征自由的人像，他的左右两边分别由代表权威和秩序的人像守护着；其余的6个人物都是当时对最高法院的建成有重大影响的人物。建筑师吉尔伯特把自己也雕刻了进去（从左边数第三位）。美国最高法院大厦是一个"适合作为美国最高法院永久的家、体现尊严与重要地位"的建筑，被誉为"充满法治气息的正义殿堂"。

图3-1-1 美国最高法院大厦

图3-1-2 美国最高法院大厦

（二）折衷主义

折衷主义是对希腊、罗马、拜占庭、威尼斯、罗马风、哥特式以及文艺复兴等不同时代和地区建筑式样的集仿。

代表作：瑞典斯德哥尔摩市政厅（图3-1-3），设计师为拉格纳尔·奥斯特伯格。

斯德哥尔摩市政厅建成于1923年，坐落于瑞典首都斯德哥尔摩市中心的梅拉伦湖畔，国王岛的东南角，由被称为"怪才"的瑞典民族浪漫运动的启蒙大师、著名建筑师拉格纳尔·奥斯特伯格设计。这座耗费800万块红砖砌筑的建筑，高低错落、虚实相谐。右侧塔楼高达106米，上面是瑞典传统象征的镀金"三王冠"尖塔。

其中最著名的室内大厅是"蓝厅"和"金厅"。"蓝厅"

图3-1-3 瑞典斯德哥尔摩市政厅

（图 3-1-4）位于一层，是每年 12 月 10 日瑞典国王和王后为诺贝尔奖获得者举办晚宴的场所。"金厅"（图 3-1-5）纵深约为 25 米，四壁有用 1800 万块约为 1 厘米见方的金色和各种彩色玻璃的小块镶成的一幅幅壁画，正中间的壁画描绘的是斯德哥尔摩的守护神——梅拉伦女王。

（三）伪古典主义

20 世纪 30 年代前后，欧洲几个独裁国家出现了对于古典主义风格的热衷潮，这种风格被称为"伪古典主义"。它继承了学院派的全部构图手法，如讲究轴线、对称、主次、古典比例、和谐、韵律等。在形式上则剥掉原来明显的古典主义和折衷主义的装饰，代之以简化了的具有国家传统特色的符号。另外，在体形上也进行了简化，使之接近现代式。

代表作

1. 德国艺术之家（图 3-1-6）

德国艺术之家于 1934-1936 年建造，设计师为保罗·特鲁斯特。位于德国慕尼黑市最大的公园——英国公园南部边缘的 Prinzregentenstraße1 号，是第三帝国的第一座纪念碑式建筑。

2. 德国柏林老总理府（图 3-1-7）

柏林老总理府的核心最早是 1730 年建设的一个巴洛克风格的宫殿式建筑，设计师为阿尔伯特·施佩尔。1875 年成为德意志帝国首相俾斯麦的官邸，1878 年进行现代化改造，魏玛共和国时期依然作为政府办公大楼使用。施佩尔在 1939 年 1 月建造完成了总理府，该建筑特点是在巨大封闭的建筑里有大量高而大的空间，总的建筑风格是使来访者产生紧张、压抑、屈服的心理。

图 3-1-4 瑞典斯德哥尔摩市政厅（蓝厅）

图 3-1-5 瑞典斯德哥尔摩市政厅（金厅）

图 3-1-7 德国柏林老总理府

图 3-1-6 德国艺术之家

二、表现派

表现主义是 20 世纪初在德国、奥地利产生的艺术形式，是现代重要艺术流派之一。表现主义者认为艺术任务在于表现个人的主观感受和体验，去引起观者情绪的激动、共鸣，而忽视对描写对象形式的摹写，因此往往表现为对现实的扭曲和抽象。代表作品有德国表现主义的创始人之一——弗兰茨·马尔克创作于 1913 年的"林中鹿"（图 3-1-8）。

在这种艺术观点的影响下，第一次大战后出现了一些表现主义的建筑。它们追求内在化、心灵化的表现；突破传统的线、面、体的构成方式，大量采用曲线、曲面；采用奇特、夸张的建筑体形，追求不对称、冲突性和动势感来表现某些思想情绪，象征时代精神。表现派建筑师主张革新，反对复古，但他们是用一种新的表现手法去代替旧的建筑样式，同建筑技术与功能的发展没有直接的关系。它在战后初期时兴过一阵，不久就消退了。

代表作：德国波茨坦市爱因斯坦天文台，设计师为门德尔松。

爱因斯坦天文台于 1920 年建成，是为纪念爱因斯坦相对论的提出，德国政府在柏林郊区波茨坦建立的一座以爱因斯坦命名的天文台。门德尔松（1889—1953）在设计中只是用砖和混凝土两种材料就塑造出一个稍带流线形的造型，墙面开出一些形状不规则的窗洞，还有一些突起，整体造型看起来有点"混混沌沌"，表现出一种神秘莫测的气氛（图 3-1-9）。

三、未来派

未来派是第一次世界大战之前首先出现在意大利的一个文学艺术流派，后来影响到绘画、雕塑和建筑设计的一场影响深刻的现代主义运动。

未来主义者否定文化艺术的规律和任何传统艺术，宣称要创造一种全新的未来的艺术。赞扬机器美，对速度、科技和暴力等元素狂热喜爱。主张用机械的结构与新材料来代替传统的建筑材料，而城市的规划则以人口集中与快速交通相辅相成，建立一种包括地下铁路、滑动的人行道和立体交叉的道路网的"未来城市"规划，

图 3-1-8 弗兰茨·马尔克的"林中鹿"

图 3-1-9 爱因斯坦天文台

并用钢铁、玻璃和布料来代替砖、石和木材以取得最理想的光线和空间。"未来主义"的建筑观点虽然带有一些片面性和极端性质，但它的确是到第一次世界大战前为止西欧建筑改革思潮中最激进、最坚决的一部份，其观点也最肯定、最鲜明、最少含糊和妥协。

意大利未来主义者对于现代建筑的影响主要是思想方面的，在当时没有实际的建筑作品。但是他们的观点以及对建筑形式的设想对 20 世纪 20 年代，甚至第二次大战以后的先锋派建筑师都产生了不小的影响。

代表作：被拴住的狗的动态（图 3-1-10），设计师为意大利油画家、雕塑家和工艺设计师贾科莫·巴拉。

贾科莫·巴拉（1871—1958）力求在绘画这种静止的形式中表达运动和速度，在这幅作品中，他把狗的腿变成了一连串腿的组合，几乎形成半圆来达到动态的效果。

图 3-1-10 贾科莫·巴拉的《被拴住的狗的动态》

四、荷兰风格派

1917 年，荷兰一些青年艺术家组成了一个名为"风格"派的造型艺术团体，有时又被称为"新造型主义派"或"要素主义派"。

风格派认为最好的艺术就是基本几何形象的组合和构图。所以认为线条和色彩是绘画的本质与要素，应该允许独立存在。并认为最简单的几何形和最纯粹的色彩组成的构图才是具有普遍意义的永恒的绘画。艺术家们共同关心的问题是：简化物象直至本身的艺术元素。因而，平面、直线和矩形成为艺术中的支柱。

代表人物：皮特·科内利斯·蒙德里安（1872—1944）。

荷兰画家蒙德里安是风格派运动幕后艺术家和非具象绘画的创始者之一。主张以几何形体构成"形式的美"，作品多以垂直线和水平线、长方形和正方形的各种格子组成，反对用曲线，完全摒弃艺术的客观形象和生活内容。他的长篇论文《自然现实与抽象现实》堪称抽象艺术的基石，代表作有《三原色的构成》（图 3-1-11）。

代表作：荷兰乌德勒支施罗德住宅（图 3-1-12），设计师为赫里特·托马斯·里特费尔德。

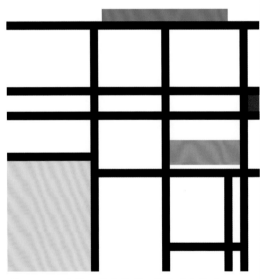

图 3-1-11 皮特·科内利斯·蒙德里安的《三原色的构成》

施罗德住宅建于1924年，建筑大体上是一个立方体，其中的一些墙板、屋顶板和几处楼板推伸出来，形成横竖相间、错落有致、纵横穿插的造型，加上不透明的墙片与透明的大玻璃窗的虚实对比、明暗对比、透明与反光的交错，让人耳目一新。

五、俄国构成派

第一次世界大战前后，一些俄国青年艺术家也把抽象几何形体组成的空间当作绘画和雕刻的内容。他们的作品，特别是雕刻作品，很像是工程结构物，因此，这一派别被称为"构成派"。代表人物有马来维奇、塔特林、加博等。

在建筑造型上，虽然风格派与构成主义派同样坚持运用建筑的最基本要素——梁、柱、板、门、窗和各种结构构件来进行造型。但在手法上，风格派比较讲究各部分与整体在构图上的平衡；而构成主义派在构图上往往显得比较唐突、惊险和出其不意。构成派在旨趣、做法上和风格派没有什么重要的区别，实际上两派的有些成员到后来也在一起活动。

代表作：莫斯科鲁萨科夫工人俱乐部（图3-1-13），设计师为康斯坦丁·梅尔尼科夫，建于1927-1929年。

六、立体主义

立体主义由乔治·布拉克于1908年发起，其艺术的中心是使用二维的平面展现三维的形态，立体主义艺术家突破了单一视角的观察方法，从各个方位相对地观察、解剖和分析对象，追求碎裂、解析、重新组合的形式，形成分离的画面。立体主义追求一种几何形体的美，追求形式的排列组合所产生的美感，立体主义为现代建筑提供了形势基础。

代表作：《亚维农的少女》（图3-1-14），绘画者为巴勃罗·毕加索，1907年。

立体主义以全新的方式展现事物，从多个角度观察事物，把正面不可能看到的几个侧面都用并列或重叠的方式表现出来。正如画面中央的两个人物形象的脸部呈正面，但其鼻子却画成了侧面；左边人物形象是侧面的头部，眼睛却是正面的。不同角度的视象被结合在同一个人物形象上。

图3-1-12 荷兰乌德勒支施罗德住宅

图3-1-13 莫斯科鲁萨科夫工人俱乐部

图3-1-14 巴勃罗·毕加索的《亚维农的少女》

七、达达主义

1916 年，一群艺术家在苏黎世集会，准备为他们的组织取个名字。他们随便翻开一本法德词典，任意选择了一个词，就是"dada"。在法语中，"达达"一词意为儿童玩耍用的摇木马。

正如达达名称的由来，达达主义是一场高度无政府的艺术运动，具有很强烈的虚无主义特点，他们试图通过废除传统的文化和美学形式发现真正的现实。达达主义的主要特征包括：拒绝约定俗成的艺术标准；追求清醒的非理性状态、幻灭感、愤世嫉俗、追求无意、偶然和随兴而做的境界等。其作品中是各种束缚、矛盾、荒诞的东西和不合逻辑的事物交织在一起的艺术风格。其时间是从 1915 年到 1922 年。达达主义对于现代建筑的影响并不大，但达达主义对于传统的否定立场，却给现代建筑冲击传统建筑已非常有利的依据。

（一）代表人物：马塞尔·杜尚 (1887—1968)

马塞尔·杜尚是纽约达达主义团体的核心人物，出生于法国，1954 年入美国籍。很多人认为"西方现代艺术，尤其是第二次世界大战之后的西方艺术，主要是沿着杜尚的思想轨迹行进的"，他被誉为"现代艺术的守护神"。

（二）代表作

1.《喷泉》(图 3-1-15)，作者为马塞尔·杜尚，1917 年。

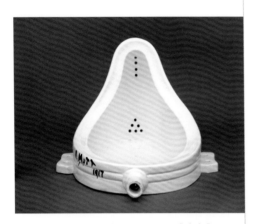

图 3-1-15 马塞尔·杜尚的《喷泉》

作品是将从商店里买来的小便器，签上了销售商的名字，放到现代艺术展展览，这就是著名的《喷泉》。它是现代艺术史上最著名的作品，它被认为是 20 世纪艺术的一个重要里程碑。

2.《带胡子的蒙娜丽莎》(图 3-1-16)，作者为马塞尔·杜尚，1919 年。

《带胡子的蒙娜丽莎》是杜尚的另一幅震撼作品，这幅作品杜尚只画了 8 秒，即只在蒙娜丽莎的画像上添了几撇胡子。

八、超现实主义

超现实主义是在法国开始的文学艺术流派，其源于达达主义，并且对视觉艺术的影响深远。它于 1920 年至 1930 年间盛行于欧洲文学及艺术界中，是凌驾于现实主义之上的一种反美学的流派。其主张放弃逻辑、有序的经验记忆为基础的现实形象，而呈现人的深层心理中的形象世界，尝试将现实观念与本能、潜

图 3-1-16 马塞尔·杜尚的《带胡子的蒙娜丽莎》

意识与梦的经验相融合。超现实主义者的宗旨是离开现实，返回原始，否认理性的作用，强调人们的下意识或无意识活动。作品主要描写潜意识领域的矛盾现象，把生与死、过去与未来、真实与幻觉统一起来，具有恐怖、离奇、怪诞的特点。超现实主义对于现代建筑的影响主要在于对工业化城市的形象方面。

（一）代表人物

超现实主义艺术家数目众多，主要包括毕加索、马蒂斯、布拉克、杜诺耶·德·塞冈扎克、杜飞、布列东、阿尔普、曼雷、格利特、德尔沃和达利等。

（二）代表作

《记忆的永恒》（图3-1-17），作者为萨尔瓦多·达利。该作品创作于1931年，表现了一个错乱的梦幻世界，清晰的物体无序地散落在画面上，那如湿面饼般软塌塌的钟表尤其令人过目难忘。

图 3-1-17 萨尔瓦多·达利的《记忆的永恒》

第二节 新建筑运动走向高潮

一、概述

战后二十年代资本主义经济恢复期，需要进行大量的建设，新建筑就此获得了更多的实践机会，向外界彰显新主张。其中包括1926年格罗皮乌斯的包豪斯校舍、1928年勒·柯布西耶的萨夫伊别墅、1929年密斯的巴塞罗那博览会德国馆，还包括芬兰青年建筑师阿尔托的人情化与地方性的代表设计维堡图书馆和帕米欧疗养院的招标获胜等，使新建筑迅速扩大了影响。

图 3-2-1 维堡市立图书

（一）维堡市立图书馆

维堡市立图书馆位于俄罗斯维堡，1927年开始设计，1935年建成。此设计从功能性出发，把各部分恰当组织在紧凑的建筑体量之内，布局十分妥贴。结构采用的是钢筋混凝土结构，对照明和声学问题作了细致的考虑（图3-2-1）。

（二）帕米欧肺病疗养院

帕米欧肺病疗养院于1933年建成，该建筑按内部功能需要确定建筑平面布局，使得休养、治疗、交通、管理、后勤等各部分都有方便的联系，同时又减少了干扰（图3-2-2）。

这一时期，新建筑的建筑师们具备一些共同特征：

图 3-2-2 帕米欧肺病疗养院

（1）重视建筑的使用功能，并以此作为建筑设计的出发点，提高建筑设计的科学性；

（2）注意发挥新型建筑材料和建筑结构的性能特点；

（3）注重建筑的经济性，努力用最少的人力、物力、财力造出适用的房屋；

（4）反对复古，主张创造灵活自由，符合抽象几何美学原则的新造型风格；

（5）建筑空间是建筑的主角，强调建筑艺术处理的重点应该从平面和立面构图转到空间和体量的总体构图方面；

（6）提倡建筑的表里一致，反对外加装饰，认为建筑美在于建筑处理的合理性和逻辑性。

在20世纪20年代至20世纪30年代，持有现代建筑思想的建筑师设计出来的建筑作品，有一些相近的形式特征，如平屋顶、不对称的布局、光洁的白墙面、简单的檐部处理、大小不一的玻璃窗、很少用或完全不用装饰线脚等。

由于他们着重于解决一般公众在生活上的生理与物理需求，因此常采用新技术并着意于建筑空间与建造上的经济性，建筑风格摒弃历史传统与地方特点，以至这样的建筑形象一时间在许多国家出现，于是又称为功能主义、理性主义和国际现代建筑派。格罗皮乌斯和勒·柯布西耶等人反对这些名称，认为是对其恶意歪曲，因为其主张建筑应当适应地区和文化的差别。他们不仅认为建筑物有功能作用，还承认人对这些建筑物的精神感受。

综上所述，现代主义建筑有了较为完整的理论观点，又有了一批有影响力的建筑实践者，还有教育推广，这样新建筑运动声势日益浩大。1928年，在瑞士拉萨拉兹由8个国家的24位建筑师成立了国际现代建筑师协会（CIAM），并于1933年在雅典会议上通过了著名的"雅典宪章"，指出现代城市应该科学制定（主要是解决居住、工作、娱乐、交通四大功能）城市规划问题，到第二次世界大战前夕，现代建筑运动成为了世界建筑的主流。

二、代表人物

第一次世界大战后的一段时间是欧美城市建设的高峰期，多种流派混杂，促使一些有识的建筑师在前人基础上，提出了比较系统而彻底的建筑改革主张。其代表人物主要包括德国的格罗皮乌斯、密斯·凡·德罗，代表流派主要包括法国的勒·柯布西耶为代表的现代主义派和以美国赖特为代表的有机建筑派。他们都积极地站到了建筑革新运动的最前列。

格罗皮乌斯、密斯·凡·德罗先后担任德国魏玛包豪斯学校的校长，使其成为西欧最激进的建筑设计中心；勒·柯布西耶在1923年出版了《走向新建筑》一书，为新建筑运动提供了一系列理论根据。

（一）格罗皮乌斯与"包豪斯"学派

瓦尔特·格罗皮乌斯，1883年5月18日生于柏林一个富有艺术修养的知识分子家庭（父亲是建筑师，当过柏林艺术学校的校长），是德国现代建筑师和建筑教育家，现代主义建筑学派的倡导人和奠基人之一，公立包豪斯学校的创办人。

格罗皮乌斯在美国广泛传播包豪斯的教育观点、教学方法和现代主义建筑学派理论，促进了美国现代建筑的发展。第二次世界大战后，他的建筑理论和实践为各国建筑学界所推崇。

19 世纪 50 年代至 19 世纪 60 年代，他获得英国、联邦德国、美国、巴西、澳大利亚等国建筑师组织、学术团体和大学授予的荣誉奖、荣誉学位和荣誉会员称号。

1. "包豪斯"学派

"Bauhaus"由德文里"Bau-Haus"组成（"Bau"代表建筑，动词"bauen"为建造之意；"Haus"为名词，房屋之意）。由于包豪斯学校对于现代建筑学的深远影响，因此今日的包豪斯早已不单是指一所学校，而是一种建筑流派或风格的统称。

包豪斯建筑学派由建筑师瓦尔特·格罗皮乌斯在 1919 年创立于魏玛，决心改革艺术教育，在设计教学中贯彻一套新的方法，建立了"艺术与技术统一"的现代设计教育体系，开创类似三大构成的基础课、工艺技术课、专业设计课、理论课及与建筑相关的工程课等现代设计教育课程，培养出大批既有艺术修养又有应用技术知识的现代设计师。强调创新，反对模仿抄袭；强调手工艺技巧与工厂大规模生产的结合；强调各门类艺术的相互交流与融合；强调学生动手能力的培养；强调教育与社会生产相挂钩。当时聘请了一批激进的青年艺术家当教员，像康定斯基、保尔克利等抽象画家，他们把最新奇的抽象艺术带到了包豪斯。包豪斯的设计作品注重满足实用要求；摒弃了附加装饰，注重发挥新材料、新技术、新工艺和美学性能；造型简洁，构图灵活多样。

1925 年，学校迁至德绍；1928 年，格罗皮乌斯辞去校长职务，由瑞士建筑师汉斯·迈耶继任；1930 年，密斯·凡·德罗继任校长职务；1932 年，包豪斯设计学院迁至柏林，并在次年被纳粹封闭；1996 年，德国统一后位于魏玛的设计学院更名为魏玛包豪斯大学。

目前包豪斯大学分为 4 个学院：建筑学院（设建筑设计、城市规划、欧洲城市规划、媒体建筑专业）、媒体学院（设有媒体设计、媒体信息、媒体文化、媒体管理专业）、造型学院（设有产品设计、视觉传达、公共空间艺术、自由艺术专业）和土木学院（设有建筑工程、材料工程、环境工程专业）。

2. 代表作

（1）法古斯工厂

法古斯工厂是由瓦尔特·格罗皮乌斯与阿道夫·迈耶于 1911 年合作设计完成的。工厂位于德国下萨克森州莱纳河畔的阿尔费尔德，是世界上第一座玻璃幕墙建筑，被列为世界遗产。建筑平面布置和外形设计依据生产上的需要设计了各级生产区、仓储区以及鞋楦发送区，采用非对称的构图；墙面采用大片的玻璃幕墙，打造出宽敞明亮的舒适工作环境；取消建筑转角部位的柱子，创造性地运

图 3-2-3 法古斯工厂

用转角窗，显得整体轻盈与优雅。这些手法符合钢筋混凝土结构性能，开创了现代骨架结构建筑的先河，是现代建筑与工业设计发展中的一个里程碑（图3-2-3）。

（2）包豪斯校舍

包豪斯校舍是格罗皮乌斯于1925年为包豪斯从魏玛迁到德绍而建的新校舍。该建筑占地面积约为2630平方米，建筑面积近1万平方米，由教学楼、生活用房和学生宿舍三部分组成。教室楼、实验工厂均为四层，两者之间是行政办公用房和图书馆，学生宿舍是一座六层楼，通过一个两层的食堂兼礼堂同实验工厂相连。包豪斯校舍把建筑物的实用功能作为建筑设计的出发点，按照现代建筑材料和结构的特点，建筑艺术形式是建筑本身要素的外在体现。

包豪斯校舍采用灵活的不规则的构图手法，它的各个部分大小、高低、形式和方向各不相同。它有多条轴线，但没有一条特别突出的中轴线；它有多个入口，最重要的入口不是一个而是两个。在造型上采取不对称构图和对比统一的手法，综合运用高低对比、长短对比、纵向与横向对比等；突出发挥玻璃墙面与实墙面的虚与实、透明与不透明、轻薄与厚重的对比，白粉墙和深色窗框的对比。不规则的布局加上强烈的对比手法产生出生动活泼的建筑形象（图3-2-4、图3-2-5）。

3. 格罗皮乌斯对现代建筑发展的贡献

（1）积极提倡建筑设计与工艺的统一，使艺术与技术获得统一，讲究功能、技术和经济效益。

（2）把大量光线引进室内，在总体布局上摒弃了传统的

图3-2-4 包豪斯校舍总平面

图3-2-5 包豪斯校舍

周边式布局，提倡行列式布局，并提出在一定的建筑密度要求下，按房屋高度来决定它们之间的合理间距，以保证有充分的日照和房屋之间的绿化空间。

（3）重视建筑的功能，按空间的用途、性质、相互关系来合理组织、布局，按人的生理要求、人体尺度来确定空间的最小极限等。

（4）致力于机械化大量生产建筑构件和预制装配的建筑方法，并提出一整套关于房屋设计标准化和预制装配的理论和方法。

（5）创立包豪斯学校，打破了将"纯粹艺术"与"实用艺术"截然分割的陈腐落后的教育观念，进而提出"集体创作"的新教育理想。

（6）发起组织现代建筑协会，传播现代主义建筑理论，对现代建筑理论的发展起到重要作用。

（二）勒·柯布西耶

勒·柯布西耶（1887—1965），是 20 世纪最著名的建筑大师、城市规划家和作家之一，是现代建筑运动的一位狂飚式人物，被称为"现代建筑的旗手"。

1. 代表作

（一）萨伏伊别墅

萨伏伊别墅位于巴黎近郊的普瓦西，1928 年设计，1930 年建成。采用钢筋混凝土结构，外形简单，水平长窗平阔舒展，无附加装饰。建筑平面为矩形，长约 22.5 米，宽约 20 米。布局自由，空间相互穿插，就像一块机器钟表。别墅共三层，底层三面透空，由支柱架起，内有门厅、车库和仆人用房；二层有起居室、卧室、厨房、餐室、屋顶花园和一个半开敞的休息空间；三层为主人卧室和屋顶花园。各层之间使用螺旋形的楼梯和坡道来组织空间，利用建筑的基本构成元素及其材料来组织和塑造丰富的动态空间，没有豪华的材料，没有附加的装饰，是完美的功能主义作品（图 3-2-6 ～图 3-2-12）。

（2）马赛公寓

该建筑于 1946—1957 年建于马赛市郊，是首次对模度概念进行应用并加以实现的作品。不管是从建筑外形尺度、被底层架空的"人造地面"平台，还是居住单元尺寸都以模度为基础。户型变化很多，从单身人士到有八个孩

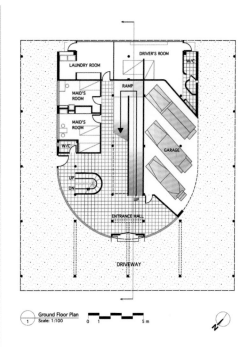

图 3-2-6 萨伏伊别墅一层平面

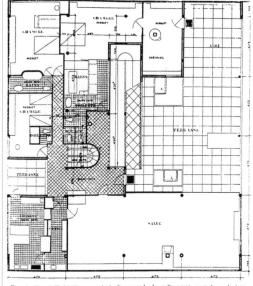

Plan de l'étage d'habitation, avec le jardin suspendu. La salle ouvre, au sud, sur le jardin suspendu, par de grandes baies vitrées. La vue est, au contraire, à l'opposé, au nord

图 3-2-7 萨伏伊别墅二层平面

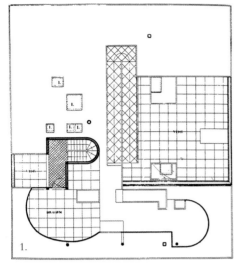

Etage du solarium

1. 图 3-2-8 萨伏伊别墅三层平面

2. 图 3-2-9 萨伏伊别墅外檐

3. 图 3-2-10 萨伏伊别墅坡道

4. 图 3-2-11 萨伏伊别墅旋转楼梯

5. 图 3-2-12 萨伏伊别墅屋顶花园

子的家庭都有，共 23 种户型。为减少交通面积，每套大都采用上下 L 形。建筑被巨大的支柱支撑着，看上去像大象的四条腿，它们都是未经加工的混凝土做的。马赛公寓这种带有粗野主义，追求一种粗犷原始、朴实敦厚的雕塑效果的建筑处理手法引起了人们的广泛注意（图 3-2-13 ~ 图 3-2-16）。

（3）朗香教堂

朗香教堂又译为洪尚教堂，是位于法国东部索恩地区距瑞士边界几英里的浮日山区的一座小天主教堂，1950 —1953 年设计建造，1955 年落成，是现代主义建筑中最具影响力的作品之一，也是勒·柯布西耶的里程碑式作品。表现了勒·柯布西耶后期对建筑艺术的独特理解、娴熟的驾驭体形的技艺和对光的处理能力（图 3-2-17 ~ 图 3-2-19）。

朗香教堂摒弃了传统教堂的模式和现代建筑的一般手法，把它当作一件混凝土雕塑作品和"纯粹的精神创作"加以塑造。教堂造型奇异，蟹壳形状的屋顶支撑在船头似的外墙上，好像是飘浮在墙面上一样，具有很强的象征性；屋顶东南高、西北低，有收集雨水的功能，流经西北雨水口，从泻水管注排到地面的水池；平面不规则，空间处理超乎人们料想；墙体几乎全是弯曲的，有的还倾斜；塔楼式的祈祷室的外形像一座粮仓；沉重的屋顶向上翻卷着，它与墙体之间留有一条 40 厘米高的带形空隙；粗糙的白色墙面上开着大大小小的方形

1. 图 3-2-13 马赛公寓外檐　　　　　　　　2. 图 3-2-14 马赛公寓底层支柱和室外楼梯

3. 图 3-2-15 马赛公寓室内　　　　　　　　4. 图 3-2-16 马赛公寓屋顶

5. 图 3-2-17 朗香教堂　　　　　　　　　　6. 图 3-2-18 朗香教堂

7. 图 3-2-19 朗香教堂

或矩形的窗洞，上面嵌着彩色玻璃；入口在卷曲墙面与塔楼交接的夹缝处；室内主要空间也不规则，墙面呈弧线形，光线透过屋顶与墙面之间的缝隙和镶着彩色玻璃的大大小小的窗洞投射下来，使室内产生了一种神秘的宗教气氛。在朗香教堂的设计中，勒·柯布西耶的创作风格脱离理性主义，转向浪漫主义和神秘主义。

（4）印度昌迪加尔最高法院

昌迪加尔最高法院建筑地上 4 层，外形轮廓非常简单，全部采用钢筋混凝土结构。主要部分用一个巨大的长 100 多米的顶篷罩起，由 11 个连续拱壳组成，横断面呈 V 形，前后挑出并向上翻起，它兼有遮

图3-2-20 印度昌迪加尔最高法院外檐

图3-2-21 印度昌迪加尔最高法院

图3-2-22 印度昌迪加尔最高法院

阳和排除雨水的功能；屋顶下部架空的处理有利于气流畅通，使大部分房间能获得穿堂风，实现不依赖机械的空气调节。法院的入口由3个高大的柱墩支撑着顶上的篷罩，形成一个高大的门廊，柱墩表面分别涂着绿、黄和桔红3种颜色。超乎寻常的尺度、粗糙的混凝土表面和那些不协调的色块给建筑带来了荒诞粗野的情调，被人们称为"粗野主义"建筑（图3-2-20～图3-2-22）。

2.勒·柯布西耶对现代建筑发展的贡献

（1）《走向新建筑》，1923年出版，这是一本宣言式的小册子。其观点明确，即激烈否定19世纪以来因循守旧的复古主义、折衷主义的建筑观点和建筑风格，激烈主张创造表现新时代的新建筑。书中提出住宅是"居住的机器"，极力鼓吹用工业化方法大规模建造房屋。他提出了"新建筑的五个特点"：底层架空，由独立柱支撑；屋顶花园；自由的平面；横向的长窗；自由的立面。这些都是由于采用框架结构，墙体不再承重而产生的建筑特点。

（2）20世纪20年代坚决地站在新建筑一边，主张建筑工业化，反对旧建筑。

（3）以现代工业为基础探索现代建筑建设问题——注重发挥工业和科技对建筑的影响，解决大城市问题。

（4）风格多变，前期其理论与实践更多地体现出理性主义，后期则注重对空间精神的理解，表现出更多的浪漫主义色彩。

（5）柯布西耶的城市规划思想影响深远，在第二次世界大战后被广泛采用。其主张用全新的规划和建筑方式改造城市，按功能分成工业区、居住区、行政办公区和中心商业区等；城市中心区有巨大的摩天楼，外围是高层楼房，建筑物处在开阔绿地的围绕之中；城市道路系统应根据运输功能和车行速度分类设计，以适应各种交通的需要，主张采用规整的棋盘式道路网，各种交通工具在不同平面上行驶，采用立交；强调现代城市建设要用直线式的几何体形所体现的秩序和标准来反映工业生产的时代精神。

（三）密斯·凡·德罗

密斯·凡·德罗，1886年生于德国亚琛，是一位自学成才的建筑师，他的知识技能主要是在建筑实践中得到的。

图 3-2-23 巴塞罗那博览会德国馆外檐　　图 3-2-24 巴塞罗那博览会德国馆内部

1. 代表作

（1）巴塞罗那博览会德国馆

该建筑建于 1929 年，占地长约 50 米，宽约 25 米，包括一个主厅和两间附属用房。主厅有 8 根金属柱子，上面是薄薄的一片屋顶。大理石和玻璃构成的墙板纵横交错，形成既分割又连通、既简单又复杂的空间序列；室内、室外也互相穿插贯通，没有截然的分界，形成奇妙的流通空间。建筑体形简单，柱、构件交接处理非常简洁明确，在选材用色上经过了精心的设计，使其显示出典雅鲜亮的气氛，充分体现了"少就是多"的建筑处理原则。博览会结束，该馆也随之拆除，存在时间不足半年，但却对现代建筑产生了广泛的影响（图 3-2-23、图 3-2-24）。

图 3-2-25 范斯沃斯住宅内部

（2）范斯沃斯（单身女医生）住宅

范斯沃斯住宅是密斯 1945 年为美国单身女医师范斯沃斯设计的一栋住宅，1950 年落成，住宅坐落在湖边的密林里。密斯为将自然景观引入室内，用 8 根工字型钢柱支撑地板和屋面板，将四面全部作成透明玻璃，中间一小块封闭空间里面藏着厕所、浴室和机械设备，成为名副其实的"看得见风景的房间"。密斯将其细部构造精心推敲，袒露于外部的钢结构均被漆成白色，是个非常精致考究的亮晶晶的玻璃盒子（图 3-2-25）。

（3）纽约西格拉姆大厦

西格拉姆大厦位于美国纽约市中心，建于 1958 年，共40 层，高 158 米。整体呈竖立的长方体，除底层及顶层外，大楼的幕墙墙面直上直下，整齐划一。该建筑采用了当时刚刚发明的染色隔热玻璃作幕墙，这些占外墙面积 75% 的琥珀色玻璃，用黄铜做竖线条分割，精致典雅。体现了造型的简洁和

图 3-2-26 纽约西格拉姆大厦

图 3-2-27 流水别墅

图 3-2-28 流水别墅

图 3-2-29 流水别墅

图 3-2-30 流水别墅

图 3-2-31 流水别墅

构造的精细,是功能主义建筑的经典、现代主义建筑美学的杰作(图3-2-26)。

2. 密斯·凡·德罗对现代建筑发展的贡献

(1)主张同传统建筑决裂,探求新建筑原则和建筑手法,认为建筑设计必须满足时代现实主义与功能主义的需要。

(2)重视建筑结构和建筑手法的改革,提倡工业化,认为一切问题包括艺术问题就会迎刃而解。

(3)提倡"少就是多"。其一是简化结构体系、精简结构构件;其二是净化建筑形式、精确施工;其三是强调结构的逻辑性,认为结构体系决定建筑形式;其四是主张功能服从空间,先建造一个实用、经济的空间,然后在里面配置功能。

(4)早期突出"流动空间"(指密斯主张利用互不牵制的墙面、屋顶和地面等部件,形成既可封闭、又可开敞或半开敞、互相贯通的多种多样的建筑空间),后期走向"全面空间"(密斯认为空间使用功能是经常变化的,主张建造一个偌大的、没有障碍的、可以供自由划分的实用而又经济的空间,再使功能去适应它)。

密斯一生的建筑作品并不多,但影响都很大,在现代建筑材料的应用中抓住了钢结构和玻璃,并把技术与艺术统一起来。在对钢框架结构和玻璃在建筑应用的探索中,发展了一种具有古典式的均衡和极端简洁的风格。其作品特点是整洁和骨架几乎透明的外观,灵活多变的流动空间以及简练而制作精致的细部。1928年提出的"少就是多"集中反映了他的建筑观点和艺术特色。

(三)弗兰克·劳埃德·赖特和他的有机建筑论

弗兰克·劳埃德·赖特(1867—1959),是本世纪美国的一位著名建筑师。其父为音乐家,15岁离家,在大学学习土木工程,19岁进入沙利文爱得勒事务所工作,24岁自己创业,从事建筑设计工作66年。与主流现代建筑设计师不同,赖特对现代大城市持批判态度,对于建筑工业化不感兴趣,他一生中设计最多的建筑类型是别墅和小住宅,其中许多作品成为世界现代建筑中的瑰宝。欧洲的几位现代建筑代表人物都在不同程度上归纳吸收了他的设计思想,对现代建筑影响很大,在世界上享有盛誉。

代表作为流水别墅(考夫曼别墅)。流水别墅名副其实,整个建筑凌架于瀑布之上,溪流从平台下奔泻而出,两层巨大的平台高低错落,第一层平台向左右延伸,第二层平台向前方挑出,第三层平台又略小于第一层平台,几片高耸的片石墙交错穿插在平台之间,瀑布上的大平台连带1/3的起居室都悬挑于瀑布之上,似乎是溪旁

图 3-2-32 西塔里埃森

岩层的自然延伸,建筑、溪水、岩石、植物自然地"生长"在一起,组成了一幅"天人合一"的画面(图3-2-27 ~ 图3-2-31)。

别墅面积约 380 平方米,共三层。每一层都如同一个钢筋混凝土的托盘,一边与山石连结,另外几边悬伸在空中。室内空间自由延伸,相互穿插;内外空间互相交融,浑然一体,为有机建筑理论作了确切的注释。最主要的起居室位于二层,层高不过 2.5 米,利用天然的岩石与水泥的结合构成片状的组合柱体,支撑着天花板与地面,充满洞天山堂的气氛。

图 3-2-33 西塔里埃森

建筑材料主要使用白色的混凝土和栗色毛石。所有的支柱都是粗犷的岩石。水平方向的白色混凝土平台与自然的岩石相呼应,而栗色的毛石就是从周围山林搜集而来的,有着"与生俱来"的自然质朴。

这栋惊世骇俗而又宛若天成的"流水别墅"轰动了世界,被誉为"绝顶的人造物与幽雅的天然景色的完美平衡",成为现代建筑史上的里程碑。

（2）西塔里埃森

西塔里埃森是一片位于亚利桑那地区与外界隔绝的帕拉代斯峡谷的单层建筑群,1938 年由赖特和他的学生动手建成。这栋建筑是赖特在塔里埃森工作室的冬季营地和西南部的居所,其中包括工作室、作坊、赖特和学生们的住宅、起居室、文娱室等。塔里埃森工作室是一座师徒式教学的艺术学校,学校没有正规的教学计划,实行即兴教学,边干边学,学习内容也不局限于建筑（图 3-2-32 ~ 图 3-2-34 ）。

图 3-2-34 西塔里埃森

赖特的"西塔里埃森"造在祖传的土地上,他在八十岁的时候谈到这一点还兴奋地说："在塔里埃森,我这第三代人又

图 3-2-35 古根汉姆博物馆外檐

图 3-2-36 古根汉姆博物馆室内一层空间

图 3-2-37 古根汉姆博物馆一层空间局部

回到了土地上,在那块土地上发展和创造美好的事物。"对祖辈和土地的眷恋溢于言表。西塔里埃森是按照自然法则建造的,不仅建筑本身是有机的整体,而且与环境保持和谐,充分展现了场地、材料、建造方法和有机哲学的结合,是有机建筑的典范。

（3）古根汉姆博物馆

古根汉姆博物馆坐落在美国纽约第五大道上,占地面积约3500平方米,建筑外观简洁,向上、向外螺旋上升,白色混凝土结构。内部6层,高约30米,中部陈列大厅是一个倒立的螺旋形空间,底部直径在28米左右,向上逐渐加大,大厅顶部是一个花瓣形的玻璃顶,四周是盘旋而上的层层挑台。地面以3%的坡度缓慢上升,坡道宽度在下部接近5米,到顶部宽达10米左右,展品沿着坡道的墙壁悬挂,观众边走边欣赏,参观路线共长430米（图3-2-35～图3-2-37）。

在盘旋而上的坡道上陈列美术品的确别出心裁,但也带来许多麻烦,弯曲的墙面并不适合挂画,倾斜的坡道也不适合人们鉴赏画作,建筑设计同美术展览的要求是冲突的,形式盖过了功能,因此赖特取得了"代价惨重的胜利"。古根汉姆博物馆是赖特在纽约的唯一建筑作品,1986年,古根海姆博物馆获得了美国建筑师协会"二十五年奖"的殊荣。

3. 弗兰克·劳埃德·赖特对现代建筑发展的贡献

赖特是一个高产的建筑家和设计师,他一生共设计了800多个建筑,其中380个实际建成,目前依然存在的有280个。他的建筑空间灵活多样,既有内外空间的交融流通,同时又具有安静隐蔽的特色。既运用新材料和新结构,又始终重视和发挥传统建筑材料的优点,并善于把两者结合起来。同自然环境的紧密配合则是他的建筑作品的最大特色。赖特对现代建筑有很大的影响,但是他的建筑思想和欧洲新建筑运动的代表人物有明显的差别,他走的是一条独特的道路。赖特是20世纪建筑界的一个浪漫主义者和田园诗人,他的成就是建筑史上的一笔珍贵财富。

赖特提出了"有机建筑"的原则,强调现代建筑与周围环境的形式和功能的协调性。有机建筑是对工业社会带来问题的补充。赖特的有机建筑的前身起源于草原式住宅,其主要理论是:由里向外,由外向里追求建筑整体性,即局部服从整体,整体又熔化局部;建筑是自然的建筑,建筑物与自然协调,人与建筑物协调,人与自然协调;空间是建筑的本质,空间和形式相互作用,达到一种整体目标;建筑是用结构来表达观点的科学之艺术,建筑的结构、材料以及建筑的方法融为一体,合成一个为人类服务的有机整体；强调建筑的人性化，更多地考虑人的心理；对待材料，主张既要从工程的角度，又要从艺术角度理解各种材料不同的特性，发挥每种材料的长处，避开它的短处；建筑是真实的建筑，装饰不应该作为外加于建筑的东西，主张力求简洁，但不像某些流派那样，认为装饰是罪恶；对待传统建筑形式的态度是应当了解在过去时代条件下形成传统的原因，从中明白在当前条件下应该如何去做，而不是照搬现成的形式；认为机器是人的工具，建筑形式应表现所用工具的特点，有机建筑接受了浪漫主义建筑的某些积极面，而抛弃了它的某些消极面。

（五）阿尔瓦·阿尔托

阿尔瓦·阿尔托（1898—1976）是芬兰杰出的现代建筑师、家具设计师，人情化建筑理论的倡导者，把芬兰的建筑传统结合到现代欧洲建筑中去，形成了既有浪漫主义又有地方特色的风格。

根据阿尔托建筑思想发展和作品的特点，他的创作历程大致可以分为三个阶段：

第一阶段白色时期：1923—1944 年，作品外形简洁，多呈白色，有时在阳台栏板上涂有强烈色彩；建筑外部有时利用当地特产的木材饰面，内部采用自由形式。

第二阶段红色时期：1945—1953 年，创作已臻于成熟。这时期他喜用自然材料与精致的人工构件相对比。建筑外部常用红砖砌筑，造型富于变化。他还善于利用地形和原有的植物。室内设计强调光影效果，讲求抽象视感。

第三阶段白色时期：1953—1976 年，这一时期建筑再次回到白色的纯洁境界。作品空间变化丰富，发展了连续空间的概念，外形构图重视物质功能因素，也重视艺术效果。

1. 代表作

（1）玛利亚别墅

玛丽亚别墅是当时芬兰最大的工业家族之一——阿尔斯托姆的继承人古里申夫妇于 1936 年委托阿尔托设计的私人别墅，它位于努玛库一个长满松树的小山顶上。整个建筑形体主要由几个规则的几何形体块组成，呈现出有几组"L"形建筑围合形成的"U"形区域，在几个重点部位上非常突出地点缀了几个自由曲线的形体。建筑物的造型沉着稳重，采用当地木材、砖块、石头、铜以及大理石等天然资源建造，直条板的外墙和条形板的顶棚具

图 3-2-38 玛利亚别墅外檐

图 3-2-39 玛利亚别墅入口

图 3-2-40 玛利亚别墅室内局部

图 3-2-41 玛利亚别墅庭院

图 3-2-42 剑桥市贝克宿舍

图 3-2-43 剑桥市贝克宿舍

图 3-2-44 赫尔辛基芬兰大厦

有鲜明特色。采用支撑的独立柱子，靠近人的部分外包了藤条，局部柱子还用细木条做贴面（图 3-2-38 ~ 图 3-2-41）。

玛丽亚别墅是阿尔托古典现代主义的巅峰之作，被称为"把 20 世纪理性构成主义与民族浪漫运动传统联系起来的构思纽带"。它可与赖特的流水别墅、柯布西耶的萨伏伊别墅、密斯的范斯沃斯住宅相媲美。

（2）剑桥市贝克宿舍

贝克宿舍于 1947 年建成，坐落在美国马萨诸塞州剑桥市麻省理工学院校园内，有波浪形建筑外檐，几乎大楼所有房间都能看到流经波士顿的查尔斯河，也使得房间呈楔形布局。贝克宿舍楼共六层，每个房间住 1~4 人，室内大部分为砖结构（图 3-2-42、图 3-2-43）。

（3）赫尔辛基芬兰大厦

该大厦位于芬兰首都赫尔辛基市中心德勒湾畔。主体部分于 1971 年完工，侧翼会场于 1975 年完工。芬兰大厦不单是芬兰重要的建筑典范，亦是优美的音乐厅与会议中心的出色代表，被誉为芬兰现代建筑艺术中的一颗明珠（图 3-2-44）。

2. 阿瓦尔·阿尔托对现代建筑发展的贡献

阿尔托主要的创作思想是探索民族化和人情化的现代建筑道路。他认为工业化和标准化必须为人的生活服务，适应人的精神要求。他说："标准化并不意味着所有的房屋都一模一样，而主要是作为一种生产灵活体系的手段，以适应各种家庭对不同房屋的需求，适应不同地形、不同朝向、不同景色等。"阿尔托设计的建筑总是尽量利用自然地形，风格纯朴。芬兰盛产木材、铜，阿尔托设计的建筑的外部饰面和室内装饰反映木材特征；铜则用于点缀，表现精致的细部。建筑物的造型沉着稳重，不追随欧美时尚，创造出独特的民族风格，有鲜明的个性。

阿尔托的创作范围广泛，从区域规划、城市规划到市政中心设计，从民用建筑到工业建筑，从室内装修到家具、灯具以及日用工艺品的设计，无所不包。虽然没有像格罗皮乌斯、勒·柯布西耶、密斯·凡·德罗和赖特那样被命名为现代派大师，但他对现代建筑的贡献，特别是他在第二次世界大战后自成一格的设计风格——建筑人情化——大大地丰富了现代建筑的设计视野，为现代建筑开辟了一条广阔的道路。

| 第四章 | 现代主义建筑的普及与发展

第二次世界大战从 1939 年 9 月 1 日德国入侵波兰开始，到 1945 年 8 月 15 日日本投降为止。形成于二次世界大战之间的，也被称为"先锋派""现代运动""功能主义派""理性主义派""现代主义派""国际式"等的现代主义建筑，在以瓦尔特·格罗皮乌斯、密斯·凡·德罗、勒·柯布西耶、弗兰克·劳埃德·赖特、阿尔瓦·阿尔托为代表的现代主义建筑设计大师的引领之下，到二次大战以后完全取代了在西方建筑界统治了数百年的"学院派"，而成为社会上占主导地位的建筑思潮。

多数国家在战争中遭到空前的破坏，战后人心思变、百废待兴，客观上提供了大量建筑实践机会。战后，现代建筑派已成为主流，因此就要适应各种不同的物质与感情的需要，先后出现了把满足人们的物质要求与感情需要结合起来的各种设计思潮和倾向。第二次世界大战结束至今，将近 70 年的时间里，世界各国的建筑活动与建筑思潮又有很大变化，其主要可分为三个阶段：

第一阶段：1945 年到 50 年代中期的战后重建和现代主义建筑思想的发展阶段，包括技术精美倾向，对理性主义进行充实与提高的倾向，阿尔托的"地方性""人情化"倾向等。

第二阶段：20 世纪 50 年代中期至 70 年代下半期，现代主义建筑风格运动阶段，发达工业国家的空前兴旺期及发展中国家的发展期，形式多样化，先后出现粗野主义、典雅主义、有机功能主义和高科技主义等风格。

第三阶段：20 世纪 70 年代中期至今的当代阶段，以现代主义建筑为主，同时出现了"后现代派"，从根本上否定了现代主义建筑的基本原则，讲究"形与意"，偏重历史。

第一节 理性主义

一、表现特征

理性主义因讲究功能而有"功能主义"之称。随后在世界范围内演变为"国际式"建筑风格，如方盒子、平屋顶、白粉墙、横向长窗。"理性主义"在顺应时代发展、使建筑适应工业社会的同时，也暴露出一些缺点：过分强调功能和技术；否定历史；过分强调客观性、普遍性；手法生硬、形式雷同。因此也发生一些自身的改良，如：讲究功能技术的同时，结合环境与服务对象的生活兴趣需要；采用对功能、技术、社会、经济、环境综合统一的方法。取得一定提高，并最先在美国取得成果。

二、代表人物

理性主义是指形成于二次世界大战之间的以格罗皮乌斯和他的包豪斯学派、勒·柯布西耶等人为代表的欧洲的"现代建筑"。

三、代表作：哈佛大学研究生中心

哈佛大学研究生中心于1949—1950年间建造，由TAC—协和建筑师事务所（由格罗皮乌斯和他的七个得意门生组成）设计（图4-1-1）。

由八栋建筑物围成若干个大小不一的四边形，每个建筑都不超过四层，钢筋混凝土结构，外墙使用的是砖或石灰。

图 4-1-1 哈佛大学研究生中心

第二节 粗野主义

粗野主义也称为"野性主义"或"朴野主义"，于 20 世纪 50 年代中期到 20 世纪 60 年代中期在欧洲流行，同时也活跃在日本，它到 60 年代下半期以后逐渐销声匿迹。

"粗野主义"一词由英国建筑师史密森夫妇于 1954 年创造，并将之理论化、系统化。它来源于法语的"Bétonbrut"，即"粗糙的混凝土"，由著名建筑师勒·柯布西耶提出，用以形容那些不进行任何后期装饰，直接暴露建造过程中模板印记的清水现浇混凝土建筑。1966 年，英国建筑评论家莱纳·帕汉姆的《新粗野主义》一书，使"粗野主义"这一概念广为流传。

一、表现特征

（1）在钢筋混凝土表面有意突出粗糙肌理效果和结构体量的沉重感，并常将梁柱接头等建筑构件暴露出来，力求给人以粗犷的情调。

（2）重视平面、墙面、空间、车道、走廊、形体、色彩、质感和比例关系等构成建筑自身的因素。

（3）以材料的真实表现作为准则，突出表现了混凝土"塑性造型"的特征。

"粗野主义"不仅是一种建筑形式，更是与当时社会的现实要求与条件相关，是从不修边幅的钢筋混凝土（或其他材料）的毛糙、沉重与粗野感中寻求建筑的经济解决办法，从而提出大量、廉价、快速的工业化美学观。不能简单认为粗野主义建筑就是"粗且陋"，其实其材料与施工工艺均极为考究，也因此成为可暴露的资本。

二、代表人物

代表人物有法国现代建筑大师勒·柯布西耶，英国建筑师史密森夫妇、詹姆斯·斯特林，美国建筑师保罗·鲁道夫和日本建筑师前川国男、丹下健三等。

三、代表作

代表作有马赛公寓、昌迪加尔行政中心建筑群、悉尼歌剧院、日本国家大剧院、巴黎史前博物馆、耶鲁大学建筑和艺术系大楼、罗马小体育馆等。

图 4-2-1 耶鲁大学建筑和艺术系大楼

（一）耶鲁大学建筑和艺术系大楼

该建筑建成于 1963 年，是粗野主义的代表作品，设计师为保罗·鲁道夫。它在建筑的形体组合、体量空间上作了大胆的尝试，在 7 层楼的高度内设计了多达 36 个不同水平高度的阶差。1969 年，馆内发生大火后进行了改建（图 4-2-1）。

（二）罗马小体育馆

罗马小体育馆又称"巴利奥立体育中心体育馆"，设计师为意大利建筑师 A. 维泰洛齐和工程师 P.L. 奈尔维。该建筑是为 1960 年在罗马举行的第 17 届奥运会修建的，主要供篮球、拳击和体操比赛用。体育馆圆形平面内径为 60 米，可容纳观众 5000 人。屋盖采用预制钢筋混凝土网架结构，整个薄壳拱由 1620 块菱形槽板拼装起来，壁厚只有 25 毫米。屋盖的重量由 36 根"Y"形斜撑传到地梁上，斜撑中部有一圈白色的钢筋混凝土"腰带"，是附属用房的屋顶，兼作联系梁。"Y"形斜撑完全暴露在外，混凝土表面不加装饰，显得强劲有力，并显示出独特的体育建筑性格（图 4-2-2）。

第三节　典雅主义

典雅主义也称为"形式美主义"、"新古典主义"、"新帕拉蒂奥主义"或"新复古主义"。是与粗野主义同时共存，在审美取向上完全相反的一种倾向，两者从设计思想上又都是

图 4-2-2 罗马小体育馆

比较重理性的。粗野主义主要流行于欧洲，典雅主义则主要流行于美国。20 世纪 60 年代下半期以后，"典雅主义"倾向开始降温，但至今仍时有出现。

一、表现特征

典雅主义运用传统美学法则，使现代的材料和结构产生，表现为优美、古典、安定、雄伟。其比例工整严谨，造型简练轻快，偶有花饰，但不拘于程式；以传神代替形似，是战后新古典区别于 30 年代古典手法的标志。典雅主义发展到后期出现两种倾向：一种是趋于历史主义；另一种是着重表现纯形式与技术特征。典雅主义的不足表现为缺乏时代创造性、思想简单、手法贫乏。典雅主义在某些方面很像密斯风格，但密斯风格主要讲求的是钢和玻璃结构在形式上的精美，而典雅主义则是讲求钢筋混凝土梁柱在形式上的精美。

二、代表人物

代表人物有美国的菲利普·约翰逊、爱德华·斯通、雅马萨奇等一些现代派的第二代建筑师。

三、代表作

代表作有谢尔顿艺术纪念馆、美国驻新德里大使馆、麦格拉格纪念会议中心等。

（一）谢尔顿艺术纪念馆

谢尔顿艺术纪念馆于 1960 —1963 年设计建成，设计师为菲利普·约翰逊。该建筑位于美国中部内布拉斯加州最主要的公立大学——内布拉斯加大学内。建筑为钢筋混凝土结构，白色大理石饰面，中轴对称，外墙是连续的、夸张的拱券造型，使人不禁联想到古罗马建筑风格（图 4-3-1）。

（二）美国驻新德里大使馆

该建筑 1955 年建造，于 1961 年获美国 AIA 奖，是典雅主义代表作，设计师为爱德华·斯通（图 4-3-2）。

图 4-3-1 谢尔顿艺术纪念馆

图 4-3-2 美国驻新德里大使馆

从印度著名建筑泰姬·玛哈尔陵获得灵感，建筑左右对称，有明显的基座、柱子和檐部三个部分。主楼平面为长方形，建在一个大平台上，四周是一圈两层高的、布有镀金钢柱的柱廊，与古典柱式的比例相去甚远，带有现代气息。柱廊后面是白色的漏窗式幕墙，水池上方悬挂着铝制网片用以遮阳，这座使馆建筑融合古典与现代、东方与西方的建筑神韵，拥有端庄与典雅的艺术效果。1959年1月，当时的印度总理尼赫鲁在使馆落成时说："这座建筑令我欣喜。它把印度文化与现代技术结合在一起，给人以深刻的印象。"这座使馆建筑被视为典雅主义的精品。

（三）麦格拉格纪念会议中心

麦格拉格纪念会议中心于1959年建成，坐落在美国维恩州立大学内，设计师为雅玛萨奇。屋面使用折板结构，外廊采用与折板结构一致的尖券，在玻璃墙面上产生丰富的明暗、光影变化（图4-3-3）。

第四节 密斯风格

密斯风格又称"简素主义""纯净主义"。由著名建筑师密斯·凡·德罗提倡的，20世纪40年代末到20世纪60年代最早流行于美国，到60年代末开始降温，世界经济危机与能源危机后，被作为浪费能源的标本而受到指责。建筑全部用钢和玻璃来建造，构造与施工非常精确，内部没有或有很少的柱子，外形纯净与透明、清澈地反映着建筑的材料、结构与它的内部空间。自70年代

图4-3-3 麦格拉格纪念会议中心

资本主义至今，时而会有作品呈现。

一、表现特征

（1）以"少就是多"为理论根据，全部用钢和玻璃来建造，简化结构体系，精简结构构件；净化形式、精确施工。

（2）提出功能服从于空间的"全面空间"理论。

（3）讲求结构的逻辑性，外形纯净透明，清澈地反映着建筑的材料、结构与它的内部空间。

（4）"模数构图"，所有的构图处理都统一在结构的柱网模数中，从而便于工业化生产。

二、代表人物

代表人物有美国现代建筑大师密斯·凡·德罗，芬兰裔美国建筑师埃罗·沙里宁。

三、代表作

代表作有范斯沃斯住宅、芝加哥湖滨公寓、纽约的西格拉姆大厦、伊利诺工学院克朗楼、西柏林的新国家美术馆新馆、通用汽车技术中心等。

（一）柏林新国家美术馆

柏林新国家美术馆于 1968 年建成，坐落于德国柏林波茨坦大街，设计师为密斯·凡·德罗。该建筑是大师的封笔之作，被誉为钢与玻璃的雕塑。外形呈一个正方体，由八根柱子悬挑起的巨大黑色正方形屋顶，给人以强烈的震撼，增强对艺术的崇敬之感（图 4-4-1）。

（二）美国通用汽车技术中心

美国通用汽车技术中心于 1956 年设计建成，位于美国底特律市，设计师为埃罗·沙里宁（1910—1961）。该建筑第一次大规模地试用了当时的新产品——隔热玻璃。基地约一英里见方，其中共有 25 幢楼，环绕着中央的一个长方形人工湖，其中的工程馆与食堂的效果甚佳，荣获 1955 年的 AIA 奖（图 4-4-2）。

图 4-4-1 柏林新国家美术馆

图 4-4-2 美国通用汽车技术中心

第五节 高技派

高技派亦称"重技派"，20世纪50年代后期兴起，到20世纪70年代初逐渐停滞。其主要突出了当代工业技术成就，在建筑中坚持采用新技术，崇尚"机械美"，且在美学上极力鼓吹机器美学和新技术的美感，强调工艺技术与时代感。高技派在注重工业技术的最新发展，及时地把最新的工业技术应用到建筑中去等方面是可取的，但过分注重"高度工业技术"也会导致"缺乏人情"和"没有艺术性"等诸多问题。

一、表现特征

（1）提倡采用最新的材料。多采用高强钢、硬铝、塑料和各种化学制品来制造体量轻、用料少，能够快速与灵活装配的建筑；强调系统设计和参数设计；主张采用与表现预制装配化标准构件。

（2）主张功能可变，结构不变。表现技术的合理性和空间灵活性，既能适应多功能需要又能达到机器美学效果。

（3）标榜"机器美"。美学上表现新技术，努力使高度工业技术接近于人们所习惯的生活方式与美学观。

二、代表人物

代表人物有英国建筑师理查德·罗杰斯、诺曼·福斯特，意大利建筑师伦佐·皮亚诺，日本建筑师丹下健三等。

三、代表作

（一）法国巴黎蓬皮杜国家艺术与文化中心

蓬皮杜国家艺术与文化中心于1969年决定兴建，1972年正式动工，1977年建成，同年2月开馆。其坐落在法国巴黎市中心拉丁区北侧、塞纳河右岸的博堡大街，当地人常也简称为"博堡"，距卢浮宫和巴黎圣母院各约1000米，设计师为查德·罗杰斯，伦佐·皮亚诺（图4-5-1、图4-5-2）。

整座建筑占地7500平方米，建筑面积共10万平方米，长166米、宽60米，共六层，每一层都是一个长166米、

图4-5-1 法国巴黎蓬皮杜国家艺术与文化中心

图4-5-2 法国巴黎蓬皮杜国家艺术与文化中心

宽 44.8 米、高 7 米的巨大空间。整个建筑物由 28 根圆形钢管柱支承。除去一道防火隔墙以外，没有一根内柱，没有固定墙面，各种使用空间由活动隔断、屏幕、家具或栏杆临时大致划分，内部布置可以随时改变。

建筑形式奇特无比，以"反传统建筑"自居，傲然呈现在巴黎优雅秀美的古建筑群中。建筑的各种管线设备、钢铁桁架故意裸露在外，甚至涂上颜色的各种管线都不加遮掩地暴露在立面上。红色的是交通运输设备，蓝色的是空调设备，绿色的是给水、排水管道，黄色的是电气设施和管线，透明的是圆管，里面安装有自动扶梯。外观极像一座工厂，故又有"炼油厂"和"文化工厂"之称。

（二）香港汇丰总部大楼

汇丰总部大楼建于 1986 年，位于香港中环"皇后大道中1 号"，是上海汇丰银行有限公司在香港的总办事处。该建筑地上 43 层，高 180 米，地面以下有 4 层，总宽约 55 米、总长约 70 米，室内楼面面积达 10 万平方米，使用了 30000 吨钢及 4500 吨铝建成。设计师为英国建筑师诺曼·福斯特（第21 届普利策建筑大奖得主）（图 4-5-3）。

该建筑的结构重点即所谓的"衣架计划"。大楼有 8 根桅杆(两副桅杆之间的跨度为 33.5 米，每个桅杆的平面尺寸为 4.8米×5.1 米,由 4 个圆钢管柱组成)支撑起 5 个不同高程上的"两层高伸臂桁架"，该设计能承载所有的结构负荷，从而实现壮观的无柱式楼板结构。所有支撑结构均设于建筑物外部，内部并无任何支撑结构，使楼面实用空间更大。

（三）德国柏林国会大厦玻璃穹顶

柏林国会大厦位于德国柏林勃兰登堡门以北约 200 米，是德国最高权力的象征。于 1894 年建成的德国国会大厦（又名帝国大厦），是一座意大利文艺复兴式建筑，长 137 米，宽 97 米，在德意志帝国和魏玛共和国时期即是国家议会的会址；1933 年 2 月 27 日晚，发生了著名的国会纵火案，后经修复；在第二次世界大战中国会大厦遭到严重毁坏；德国统一后，为了再度承担国会大厦的作用，其经历了又一轮重修，增加由英国著名建筑师诺曼·福斯特设计的玻璃与钢铁掺杂的穹形圆顶。如今，曾让人争议一时的穹形圆顶已成为柏林城的新标志（图 4-5-4 ～图 4-5-7）。

图 4-5-3 香港汇丰总部大楼

图 4-5-4 德国柏林国会大厦外檐

图 4-5-5 德国柏林国会大厦玻璃穹顶

图 4-5-6 德国柏林国会大厦玻璃穹顶内部俯视　　图 4-5-7 德国柏林国会大厦玻璃穹顶内部仰视

　　国会大厦的穹形圆顶可以免费参观，800多吨的钢材和玻璃构成了40米高的外观形象。沿两条长240米呈螺旋式上升的坡道，可到达高约50多米的观光台。向下望是国会议会厅，政治决策的过程清楚地摆在人民的眼下。穹顶内部是贴满360张镜片的倒锥体，像钟乳石一样挂在大厅中间，且可以旋转调整角度，使阳光可以由中间的镜片柱射入下面的议会大厅，还可以依赖议会大厅与其他房间的温差产生对流通风，充分节约了能源。

第六节　象征主义

　　象征主义也称为"隐喻主义"，盛行于20世纪60年代。

一、表现特征

　　象征主义建筑在满足功能的基础上，把艺术造型和环境设计作为首要考虑的问题，通常具有强烈的艺术表现力。象征主义追求建筑个性的强烈表现，设计的思想及意图常寓意于建筑的造型之中，能激起人们的联想，使人一见之后难以忘怀。

二、代表人物

　　代表人物有美国建筑师弗兰克·劳埃德·赖特、法国建筑师勒·柯布西耶、美籍华人设计师贝律铭、芬兰裔美国建筑师埃罗·沙里宁和丹麦建筑设计师约翰·乌特松等。

三、代表作

　　象征主义在建筑形式上变化多端，常用三种象征手段：运用几何形构图（如弗兰克·劳埃德·赖特的流水别墅、纽约古根海姆美术馆、贝律铭的国家美术馆东馆等）；运用抽象的象征性构图（如勒·柯布西耶的朗香教堂等）以及运用具体的象征性构图（如埃罗·沙里宁的纽约肯尼迪航空港的环球航空公司候机楼、约翰·乌特松的悉尼歌剧院）。

（一）华盛顿国家美术馆东馆

该建筑于 1978 年建成，地理位置十分显要，它东望国会大厦，西望白宫。设计师为美籍华人贝律铭（图 4-6-1、图 4-6-2）。

建筑的主体由等腰三角形与直角三角形组成。等腰三角形是展览厅，三个角分别建成高塔状，其底边是大门，正对西馆；直角三角形为图书档案馆和行政管理区。东馆的设计在许多地方若明若暗地隐喻西馆，而手法风格各异，旨趣妙在似与不似之间。东馆内外所用的大理石的色彩、产地以至墙面分格和分缝宽度都与西馆相同。为了与西馆协调，贝律铭特地找到了已废弃的石矿，重新生产出相同颜色的桃红墙面石，使东西两馆色调一致。两个三角形之间是一个高 25 米的庭院，上面是由 25 个三棱锥组成的巨大的三角形天窗，明媚的阳光从这里泻下，使厅内的展品、树木显得既安详柔和又充满活力。华盛顿国家美术馆东馆被誉为"现代艺术与建筑充满创意的结合"，贝律铭先生因此蜚声世界建筑界，并获得美国建筑师协会金质奖章，从而奠定了他作为世界级建筑大师的地位。

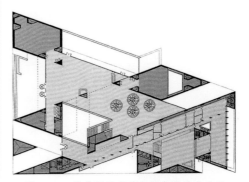

图 4-6-1 华盛顿国家美术馆东馆首层平面

图 4-6-2 华盛顿国家美术馆东馆外檐

（二）纽约肯尼迪航空港的环球航空公司候机楼

环球航空公司候机楼是 1956 年委托设计，1962 年竣工的。设计师为埃罗·沙里宁，候机楼开放前 9 个月沙里宁溘然逝世。该建筑像一只展翅欲飞的大鸟，具有很强的动势。屋顶由四块浇钢筋混凝土壳体组合而成，几片壳体只在几个点相连，空隙处布置天窗，是极富魅力的象征主义建筑代表作（图 4-6-3、图 4-6-4）。

（三）澳大利亚悉尼歌剧院

悉尼歌剧院于 1957 年设计，1973 年建成，设计师为约翰·乌特松。该建筑坐落在澳大利亚悉尼港的便利朗角，这座综合性的艺术中心是现代建筑史上巨型雕塑式象征主义作品的代表，2007 年 6 月 28 日被联合国教科文组织评为世界文化遗产（图 4-6-5、图 4-6-6）。

悉尼歌剧院三面临水，环境开阔，拥有状如贝壳的白色屋顶，像迎风而驰的帆船，与悉尼港湾大桥相映成趣。悉尼歌剧院占地 1.84 公顷，长 183 米，宽 118 米，

图 4-6-3 纽约肯尼迪航空港的环球航空公司候机楼外檐

图 4-6-4 纽约肯尼迪航空港的环球航空公司候机楼室内

图 4-6-5 澳大利亚悉尼歌剧院外檐

图 4-6-6 澳大利亚悉尼歌剧院室内

高 67 米，相当于 20 层楼的高度，外观为三组巨大的壳片。第一组壳片在地段西侧，四对壳片成串排列，三对朝北，一对朝南，内部是大音乐厅；第二组在地段东侧，与第一组大致平行，形式相同而规模相比歌剧厅略小；第三组在它们的西南方，规模最小，由两对壳片组成，里面是餐厅。

悉尼歌剧院由音乐厅、歌剧厅、剧场、话剧厅以及其他一些功能厅和附属场所（如餐厅）共900 多个大小不一的厅堂、房间组成。其中，可容纳 2679 人的音乐厅是悉尼歌剧院最大的场馆，全年开放，适合举办各种不同类型的音乐会；歌剧厅比音乐厅小，有 1547 个座位，只是季节性开放。

第七节 银色派

银色派亦称"光亮派"，是 20 世纪 60 年代流行于欧美的一种建筑思潮。银色派在建筑创作中注重先进技术、综合平衡、经济效益和装修质量。

一、表现特征

（1）通过大面积镜面或半反射玻璃使建筑融合在四周环境的映象或蓝天的背景之中，并能创造出影像不断变化的动态效果；

（2）反映工业化的时代特点，反映出新的艺术观，它光泽晶莹、现代感强；

（3）由于建筑材料的限制，它具有风格程式化的趋向，缺乏地方特色；

（4）由于透明、反射的效果，给街上的汽车驾驶带来了一定困难。

二、代表人物

代表人物是耶鲁大学建筑学院院长塞扎·佩利（1971 年，佩利创造了银色派的经典作品——洛杉矶太平洋设计中心）、美国 SOM 建筑设计事务所、美籍华裔设计师贝聿铭等。

图 4-7-1 纽约利华大厦   图 4-7-2 波士顿纽约·汉考克大厦

三、代表作

（一）纽约利华大厦

纽约利华大厦于 1951—1952 年在纽约设计建成，是第一座全玻璃幕墙建筑。设计师为美国 SOM 建筑设计事务所。该建筑共 24 层，上部 22 层为板式建筑，下部 2 层为正方形裙房，底层为敞空的柱廊及花园，四面全部用浅蓝色玻璃幕墙，该建筑获得 1980 年美国"二十五年奖"（图 4-7-1）。

（二）波士顿约翰·汉考克大厦

约翰·汉考克大厦于 1975 年设计建成，坐落于美国马萨诸塞州的首府波士顿市，该建筑获得 2010 年美国建筑师协会"二十五年奖"。设计师为美籍华裔设计师贝聿铭（图 4-7-2）。

该建筑共 63 层，高 241 米，是波士顿最高的建筑。它的外墙全部用浅蓝色的镜面玻璃，阳光照射在镜面上，形成反射；天空形成的映像随着云彩的移动、明暗的变化等而改变，仿佛与环境融为一体。

（三）洛杉矶太平洋设计中心

洛杉矶太平洋设计中心于 1971 年建成，设计师为美国耶鲁大学建筑学院院长塞扎·佩利。该建筑外部为玻璃幕墙结构，其采用的是蓝色玻璃，创造了一个复杂的反射表面，令人耳目一新且印象深刻，它是银色派建筑的经典代表。该建筑外形就像一艘海洋中的蓝色远洋巨轮，或一条海洋中的大鱼，佩利将它的外形比喻成海滩上的蓝鲸，"蓝鲸"的称呼广为流传。"蓝鲸"的成功，使得塞扎·佩利

图 4-7-3 洛杉矶太平洋设计中心——蓝鲸　　　　图 4-7-4 洛杉矶太平洋设计中心——绿楼与红楼

又接受另外两座建筑的设计，即"绿楼"与"红楼"，从而形成一个完整的太平洋设计中心（图 4-7-3、图 4-7-4）。

第八节　白色派

白色派是 20 世纪 70 年代前后在美国最为活跃的建筑创作组织，建筑物的外观多半以纯白为主，对纯净的建筑空间、体量和阳光下的立体主义构图、光影变化十分偏爱，具有一种超凡脱俗的气质，被称为美国当代建筑中的"阳春白雪"以及"早期现代主义建筑的复兴主义"。

一、表现特征

（一）建筑设计主要特征

（1）形式纯净，细部简洁，整体条理清楚；

（2）在规整的结构体系中，通过凹凸变化安排，突出空间的多变，给予建筑以明显的雕塑感；

（3）在建筑与环境的强烈对比、相得益彰之中寻求新的协调关系；

（4）注重公共空间与私密空间的功能分区。

（二）室内设计主要特征

（1）着重空间划分，强调光线的运用；

（2）墙面和顶棚均为白色材质，或者在白色中带有隐约的色彩倾向；

（3）暴露白色材料的肌理效果；

（4）地面色彩不受白色的限制，往往采用淡雅的自然材质地面覆盖物；

（5）陈设简洁，可以采用鲜艳色彩，形成室内色彩的重点。

二、代表人物

白色派以被称为现代主义建筑"白色派"教父，同时又是建筑界诺贝尔"普立兹克"奖最年轻的获得者美国建筑师理查德·迈耶为首，以及彼得·埃森曼、迈克尔·格雷夫斯、查尔斯·格瓦斯梅、约翰·赫迪尤克为代表，他们曾一起合作成立著名的"纽约五人组"。20世纪80年代以后，白色派的五位主要成员各自沿着自己的创作方向奋力前进，均获得了举世瞩目的成就，而白色派做为一个建筑组织却随之逐渐消失了。

图 4-8-1 美国康涅狄格州达里恩的史密斯住宅

三、代表作

（一）史密斯住宅

史密斯住宅于1965年设计建成，位于美国康涅狄格州的达里恩，它是查德·迈耶的成名代表作。该建筑共3层，是一个长方体逐层切割依次减小的矩形体块，形成一种垂直方向上的错落感；通体白色，在自然景物衬托下显得格外清新脱俗；选址在斜坡地上，从坡道可方便快捷地进入二层；建筑背山面水，拥有面朝大海的巨幅玻璃窗，保证了极好的景观（图4-8-1）。

（二）道格拉斯住宅

道格拉斯住宅于1973年设计建成，设计师为理查德·迈耶。该建筑坐落于美国密歇根州乡间一处陡峭的坡地上，四周满是常绿的针叶林。在基地的西边，是以风景著名的密歇根湖，而基地东侧是联结交通的乡村道路。建筑共5层，每层约5000平方英尺。第5层只是个进厅，其余面积是屋顶平台；通过进厅右侧的楼梯间到达第4层的卧室和阳台；第3层包括主卧室和二层高的起居室，透过临湖的大玻璃，景色尽收眼底；第2层是餐厅厨房和其他卧室；第1层是房子坚固的基层，用作地下室和机械设备室。除了从烟囱延伸到屋顶的两个钢管，其余使用的都是白色混凝土和玻璃，建筑的白和水的蓝、树的绿相映成趣，造型优雅精美，空间错综渗透。由于地形的关系，入口设在顶层，并与宁静的乡村道路相连，从公路上只能看见屋顶和顶层的部分，而从湖面看，整个建筑仿佛是一块完美的机械工艺品，漂浮在山坡之上（图4-8-2、图4-8-3）。

图 4-8-2 道格拉斯住宅外檐

图 4-8-3 道格拉斯住宅俯瞰密歇根湖

图 4-8-4 意大利罗马千禧教堂外檐

图 4-8-5 意大利罗马千禧教堂室内

图 4-8-6 意大利罗马千禧教堂室内

（三）意大利罗马千禧教堂

千禧教堂又称为"仁慈天父教堂"，2003年落成，坐落于意大利罗马距离市中心地区6英里的托特泰斯，设计师为理查德·迈耶。千禧教堂最引人注目的是船帆状的三片白色弧墙，从56英尺逐步上升到88英尺，层次井然地朝垂直与水平双向弯曲。似球状的白色弧墙曲面，使用三百多片预先铸好的灰白色混凝土板制成，是特别闪亮的点睛之笔。天主教廷更是视这三座墙为圣父、圣子、圣灵三位一体的象征，具有传统教堂予人的那份崇高和令人敬畏之意（图4-8-4～图4-8-6）。

第九节 新陈代谢派

一、表现特征

新陈代谢派于1960年前后形成，当时以年仅27岁的丹下健三为代表的日本年轻建筑师们提出了一个具有革命性的概念——"新陈代谢"。新陈代谢派认为一座城市就像一个生命体，极力主张采用新的技术，通过"代谢"的方式来取代城市中的某些功能。应该在城市和建筑中引进时间的因素，在周期长的因素上，装置可动的、周期短的因素。对建筑的整体系统来说，应采用有可能取换的构件，以适应社会、建筑的变化。

二、代表人物

代表人物有日本著名建筑师丹下健三，建筑师大高正人、植文彦、菊竹清川、黑川纪章及评论家川添登等。

三、代表作

（一）山梨县文化会馆

山梨县文化会馆于1966年建成，坐落在离东京市区约120公里的山梨县，设计师为丹下健三。该建筑地上8层，地下2层，面积18085平方米，是一幢集广播业、报纸业和印刷业共同使用的综合性建筑。在考虑各企业独立性的同时，还考虑了彼此方便的联系。在各层之间还留出许多空间作屋顶花园，为将来扩建做准备。山梨会馆建成之后曾进行过扩建，这是一个随时间推移不断成长和变化的立体交往空间，被认为是第一座对新陈代谢理念进行了完整诠释的建筑（图4-9-1）。

（二）中银仓体大楼

中银仓体大楼于1961年建成，由两座混凝土大楼组成，各为11层和13层，坐落于日本东京银座附近，设计师为黑川纪章。大楼采用140只批量生产的2.3米×3.8米×2.1米钢盒子组成，即所谓的居住舱体，每个舱体用高强度螺栓固定在两个混凝土"核心筒"上，几个舱体连接起来可以满足家庭生活的需要。这种具有明确自主性方盒子的重复叠置，是可变动建筑一次有益的尝试。不幸的是继黑川纪章在1976年完成的索尼大厦被推倒后，这座被视为新陈代谢主义运动纯粹表达的建筑，据说也将被推倒（图4-9-2、图4-9-3）。

第十节 地域主义

二战后讲求"人情化"与"地域性"倾向，以及追求"个性"与"象征"的尝试，都被称为"有机的"或"多元的"建筑。它是一种既要讲技术又要讲形式，在形式上又有强调自己特点的倾向。

一、表现特征

（1）突破技术范畴而进入人情、心理的领域，重视人们的生活和心理感情；

（2）传统材料结合新结构、新材料；

（3）处理亲和，喜欢用曲线和波浪形，形式多样；

（4）空间有层次、变化丰富；

（5）建筑体量符合人体尺度，反对"不合人情的庞大体积"；

（6）建筑化整为零、重视细部。

图4-9-1 山梨县文化会馆

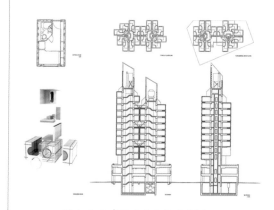

图4-9-2 中银仓体大楼示意图

图4-9-3 中银仓体大楼

图 4-10-1 珊纳特赛罗镇中心的主楼外檐

图 4-10-2 珊纳特赛罗镇中心的主楼室内

图 4-10-3 香川县厅舍

二、代表人物

代表人物有芬兰的阿尔瓦·阿尔托、丹麦的阿恩·雅各布森、日本的丹下建三等。

三、代表作

（一）珊纳特赛罗镇中心的主楼

该建筑于 1950 —1955 年设计建成，设计师为阿尔瓦·阿尔托。由于建筑群全部采用简单的几何形式，以红砖、木材、黄铜等为主要材料，具有斯堪的纳维亚特点，因而使得这座建筑既具有现代主义的形式，又有传统文化的特色。该建筑是把主楼放在一个坡地的高处，把镇长办公室与会议室这个主要单元放在基地的最高处，突出了重点，又与所处的树林相融相衬（图 4-10-1、图 4-10-2）。

（二）香川县厅舍

香川县厅舍于 1958 年建成，设计师为丹下健三。丹下健三热衷于创造具有日本特色的现代建筑，认为地域性包括传统性，而传统性是既有传统又有发展。香川县厅舍由部分 3 层的建筑与 8 层的主楼组成，高层部分四周有挑廊，钢筋混凝土梁头应用了日本传统的木结构手法，处理得同日本古建筑五重塔相似，是对其民族风格的一种尝试（图 4-10-3）。

|第五章| 现代主义之后的建筑思潮

20 世纪 60 年代以后，西方国家进入了经济高度增长时期，物质生活极大丰富，社会呈现出一派繁荣的景象。其中，建筑建设周期大大缩短，建筑新材料、新技术不断涌现，城市建设日新月异，在高速发展的同时，也不可避免地带来了诸多问题，主要表现为：

（1）科学技术的迅猛发展使得城市功能日益复杂化和多样化，城市规模不断扩大的过程中具有相当的盲目性和不连续性，新的功能结构和土地利用被划分，尤其是由于建造年代不同，建造材料和技术的不同，造成的建筑景观被破碎，失去原有的历史文脉和城市肌理。

（2）工业发展为城市创造了丰富的物质财富，人类远远高于生存标准的发展目标，决定了其必须更多地向自然环境索取物质、能源和生活空间的行为，甚至已经接近或超过自然承载力，自然环境、资源和生态受到极大的破坏。

（3）由于全球化急速推进和欧洲经济一体化加快，带来了商业运作模式普及和市场供给类同化，设计师不得不采用统一的技术和相似的材料，而且越来越受商业社会审美标准的制约，使得越来越多的城市建筑失去地域特色。

人们逐渐从过于信赖工业化时代的技术力量及其推进社会发展的作用中清醒过来，开始对工业文明引起的现代主义建筑产生质疑。现代主义建筑以其简洁的外形——平屋顶、白粉墙、横向长窗、方盒子和其反传统、反装饰、采用新工业材料并实行"预制件"与"装配化"而发展绵延，成为统一的"国际式"。在经历了 30 年的国际主义垄断建筑之后，世界建筑日趋相同，民族特色逐渐消退，建筑和城市面貌日渐呆板，更多的人开始向往昔日那些具有人情味的建筑形式。虽然典雅主义、有机功能主义是国际主义风格的一些调整，但是毕竟影响有限，而且都依然坚持反对装饰的现代主义基本立场。人们开始多方探索力求改变建筑的单一发展方向，丰富现代建筑的面貌，与一统天下的现代主义国际式建筑风格相背离，一般在学术界将这些建筑称作"后现代建筑"或"现代主义之后现代建筑"。其中主要包括后现代主义、新理性主义、新地域主义、解构主义、新现代主义、发展的高技派、极少主义等流派，而各种思潮相互之间的关系错综复杂，因此界线也未必泾渭分明，往往我中有你，你中有我，越来越呈现出多元化的倾向。

第一节 后现代主义

广义的后现代主义建筑是指现代主义之后的，或者反对现代主义的一切建筑设计思潮。这里讲的是狭义的后现代主义建筑，即 20 世纪 60 年代至 20 世纪 90 年代流行于欧美，20 世纪 80 年代达到高潮，目前已基本消失的一种建筑风格运动。

现代主义建筑在取得伟大成就的同时也存在其片面性，如过分强调功能、技术，崇尚纯净，否定装饰，采用简单的方式来应对复杂的设计，尤其是忽略了传统文化的作用和审美价值的体现，致使建筑缺乏生活的气息。人们开始有意识地在建筑设计中注重人的精神生活的需求，注重从传统文化中、从历史传统中、从地域环境特色中寻求灵感，因而后现代主义顺理成章地走向前台。

后现代主义建筑设计打破了现代主义建筑设计造成的沉闷气氛，丰富了设计语汇，反映了人们对建筑设计的文化情感需求，这是它的进步性。但后现代主义建筑仅限于风格和形式的探讨，其核心内容显得匮乏，并没有提出一个足以替代现代主义的成熟的理论体系和设计方法，这使得后现代主义大张旗鼓地登场之后不久就黯然失语，其根本原因在于后现代主义的一体两面，即面对的是当代人的生活方式、后工业社会和高科技材料等，而追求的是地域、精神、历史传统等艺术风格。

其实现代主义也好，后现代主义也罢，并没有本质的区别，更像是建筑理性和浪漫的两个侧面。基于不同的生产力背景，现代主义倾向于解决技术和经济问题，而后现代主义倾向于强调创新中的文脉和文化的附加。与其说后现代主义是对现代主义的颠覆，还不如说是对现代主义的一种延续。

一、表现特征

美国建筑师罗伯特·斯特恩将后现代建筑的特征总结为"文脉主义""引喻主义""装饰主义"，即后现代主义建筑的装饰性、历史性、隐喻性。装饰性是指后现代主义建筑毫无例外地采用各种各样的装饰，倡导者主张"以装饰的手法来达到视觉上的丰富，提倡满足人的心理要求，而不仅仅是单调的功能主义的中心"。历史性是对各种历史风格采用抽出、混合、拼接的手法，大量采用各种历史符号的装饰，主张新旧揉合的加以折衷处理。隐喻性是指通过装饰细节的模糊追求隐喻，赋予建筑象征性和戏谑性。

二、代表人物

代表人物有美国建筑师罗伯特·文丘里、罗伯特·斯特恩、查尔斯·莫尔、菲利浦·约翰逊、弗兰克·盖里，英国建筑评论家查尔斯·詹克斯，意大利建筑师朗佐·皮亚诺，日本设计师矶崎新等。

（一）罗伯特·文丘里

罗伯特·文丘里 1925 年 6 月 25 日出生于美国宾夕法尼亚州费城。他反对密斯·凡·德罗的名言"少就是多",认为"省就是光秃秃"。主张采用历史建筑因素、古典建筑符号以及用美国的通俗文化（波普艺术）来装饰建筑，使现代建筑具有丰富的审美和娱乐性。他主张兼容以反对单一，主张折衷以反对纯净，主张大众化与多样化以反对"高尚的理性"，主张向传统学习以反对仅仅着眼共时性特征，主张强调符号的作用以反对不要装饰等。1966年，出版了《建筑的复杂性与矛盾性》一书；1972年，与妻子詹妮丝·布朗合作出版《向拉斯维加斯学习》一书。这两本书被认为是后现代主义建筑思潮的宣言。主要设计作品有美国费城栗子山文丘里母亲住宅、费城富兰克林故居、伦敦国家美术馆等。

（二）罗伯特·斯坦因

美国建筑家罗伯特·斯坦因，从理论上把后现代主义建筑思潮加以分门别类地整理，逐步形成一个完整的理论体系。他在《现代古典主义》一书中完整地归纳了后现代主义建筑的理论依据及可能的发展方向和类型，是后现代主义建筑的重要奠基理论著作。

（三）查尔斯·莫尔

建筑设计师查尔斯·穆尔生于1925年，1947年毕业于密歇根大学建筑系，1957年获普林斯顿大学建筑系博士学位。其主张设计要符合大众口味，以简化、变形、夸张的手法借鉴历史建筑的部件和装饰，如柱式、山花等，并将这些与波普运动的艳丽色彩以及玩世不恭的手法主义结合起来。穆尔的设计强调建筑的象征意义，主要作品有美国新奥尔良意大利广场。

三、代表作

（一）美国费城栗子山母亲住宅

栗子山母亲住宅于1962年建成，设计师为罗伯特·文丘里。据说当年没有人愿意委托名不见经传而又违逆现代主义建筑大潮的文丘里做建筑设计，正当他因门庭冷落打算关闭设计事务所时，他寡居多年的母亲掏出所有的积蓄为其提供这样一个小型住宅设计的机会，因此命名为"母亲住宅"，这座既简洁又复杂的小房子很快成为栗子山的一景，文丘里因此声名鹊起，也成就了后现代主义建筑的经典作品（图5-1-1、图5-1-2）。

图5-1-1 美国费城栗子山母亲住宅正面

图5-1-2 美国费城栗子山母亲住宅背面

这座建筑一反当时盛行的风格，不采用平屋顶、方盒子的建筑形象，而是引用传统住宅的坡屋顶形式，但又不是对传统的直接恢复，而是对传统形式加以变形和修饰。

建筑立面上有意开口的三角形山花墙、门上的一道细弧线隐喻了古典建筑中的拱券，尺度不一的窗户引用了罗马的弦乐窗等。所有的手法使整幢建筑有一种非理性、复杂、暧昧、不合逻辑的美学趣味，显示出文丘里通过非传统方式组合传统部件的主张，文丘里因此获得美国建筑师协会的"二十五年奖"，住宅模型由美国纽约艺术博物馆作为永久性收藏品收藏并展出。

（二）圣·约瑟夫喷泉小广场

圣·约瑟夫喷泉小广场坐落于美国新奥尔良市意大利广场中心，1978年建成，设计师为查尔斯·摩尔。这是一座集古典风格和神奇想象于一体，既严肃又嬉闹、既典雅又通俗，有着强烈的象征性和浪漫性的广场，位于美国新奥尔良市意大利裔居民集中地区。该建筑考虑了当地居民的审美趣味，又考虑了与周围环境的协调，吸收了附近一幢摩天大楼的黑白线条，将之变化为一圈由灰色与白色花岗石板组成的同心圆，环绕广场的水池地面是用石块组成的意大利地图模型，圆心喷泉中涌出的水，象征着阿尔卑斯山脉的高处流淌的瀑布（图5-1-3）。

广场一边有高低错落的弧形柱廊和拱门，采用五种典型的古典柱式，全部漆成光彩夺目的颜色。这些建筑除大理石和花岗岩外，还使用不锈钢板、钢管、镜面瓷砖、霓虹灯等现代材料。建筑造型并非完全遵从古典范式，而是加以自由的甚至是随心所欲和玩世不恭的变化处理。各柱式上面的喷泉水

图5-1-3 美国新奥尔良市意大利广场中心的圣·约瑟夫喷泉小广场

图 5-1-4 德国斯图加特新州立美术馆

图 5-1-5 德国斯图加特新州立美术馆

流，采取不同的方式和手法，最特别的是柱廊的壁檐上喷泉的喷口是设计师查尔斯·摩尔自己的头像，水流从他嘴里不断喷出来。这一结合文脉、经典与通俗融于一体的设计，体现了建筑的人性化，成为后现代主义的经典之作。

（三）德国斯图加特新州立美术馆

新州立美术馆于 1984 年开幕，设计师为詹姆斯·斯特林，这是他一生中最重要的作品，也因此获得 1981 年建筑界最高荣誉——普利策奖。新馆包括美术陈列室、图书馆、音乐楼和剧场等文化艺术用房及服务设施，平面布局和建筑体形复杂多样。将现代主义、古典主义、高技派以至古罗马、古埃及建筑的形式片断混杂在一起，各种相异的成分相互碰撞，各种符号混杂并存，体现了后现代主义建筑师不求统一完整，承认多元共生，赞赏复杂性、矛盾性的建筑美学观念。使斯图加特州立美术馆由过去的地区级美术馆一跃成为欧洲顶级博物馆之一（图 5-1-4、图 5-1-5）。

第二节 新理性主义

新理性主义也称"坦丹萨学派"，发源于 20 世纪 60 年代的意大利。新理性主义和后现代主义都针对已逐渐教条和僵化的"现代主义"提出质疑和修正，而且同样主张回到传统中去学习，从传统中寻找失去的意义，构成了当今世界建筑思潮的两大倾向。

早在 20 世纪 20 年代，意大利建筑师就企图把意大利古典建筑的民族传统价值与机器时代的结构逻辑进行新的更具理性的整合。20 世纪 60 年代开始的新理性主义运动关注建筑历史与传统，抵制功能主义和技术至上的现代工业化城市及其建筑，试图将建筑重新返回到城市历史文脉中，并以类型学的方式建立一种符合历史发展规律的建筑形式原则，以保持城市历史与建筑艺术的延续性。

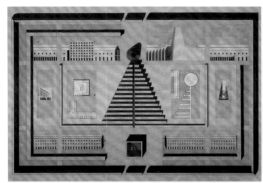

图 5-2-1 圣·卡塔多公墓总平面图

图 5-2-2 圣·卡塔多公墓中心建筑

图 5-2-3 圣·卡塔多公墓走廊

一、表现特征

理性主义的建筑往往采用简单的几何形，但却建立在历史的基础之上，孕含着深刻的历史内涵。因此，理性和情感的结合、抽象和历史的结合构成理性主义的主要特征，也与现代主义有着重要的区别。

二、代表人物

代表人物有意大利的阿尔多·罗西、卡罗·艾莫尼诺、乔治·格拉西，瑞士的马里奥·博塔及卢森堡的罗伯·克里尔、莱昂·克里尔等。

阿尔多·罗西是新理性主义至关重要的人物。1966 年，他出版的《城市建筑》揭示了建筑对于城市历史的依存关系，提出城市中的建筑需要融入历史、城市形态和记忆来诠释。同年，另一位意大利设计师乔治·格拉西出版的《建筑的结构逻辑》指出回归秩序的途径就是引用从类推法产生的类型分析方法。卢森堡的罗伯·克里尔、莱昂·克里尔（克里尔兄弟）则在类型学的基础上，建立了一整套有关城市形态学方面的理论。

三、代表作

（一）圣·卡塔多公墓

圣·卡塔多公墓于 1985 年建成，坐落于意大利热那亚，设计师为阿尔多·罗西。公墓由环绕在四周的长方形走廊和中心的立方体建筑组成，运用几何元素，组合成隐秘却通透的空间。其概念是储藏被遗忘的生命、竭尽的人生以及历史的收纳

（图5-2-1～图5-2-3）。

（二）圣·维塔莱河旁的住宅

该住宅于1973年设计建成，设计师为马里奥·博塔，位于瑞士提契诺卢加诺湖岸边和圣乔治山脚下，背坡临水面山，自然景色极其优美。该建筑是一个外墙用不加饰面的水泥砖建造起来的朴素的透空立方体，耸立在山坡上，只利用一座红色铁桥与外界联系，恍若脱离了嘈杂的尘世（图5-2-4～图5-2-6）。

（三）意大利佩特拉酒窖

佩特拉酒窖于2003年建成，设计师为马里奥·博塔。酒窖主体形

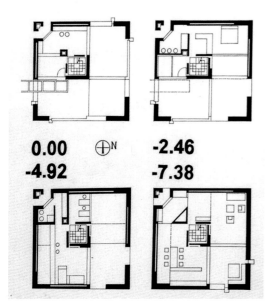

图5-2-4 圣·维塔莱河旁的住宅平面

图5-2-5 圣·维塔莱河旁的住宅外檐

图5-2-6 圣·维塔莱河旁的住宅入口

图 5-2-7 意大利佩特拉酒窖

图 5-2-8 意大利佩特拉酒窖

体简洁，大致呈一个圆筒状，被一个与斜坡平行的斜面剖开，并被长条形的楼梯一分为二，形成直线与曲线的对比，也增强建筑的雄伟感。在圆柱形顶部两侧的屋顶花园内种植油橄榄树，打破了建筑的生硬，与环境融合在一起（图 5-2-7、图 5-2-8）。

第三节　新地域主义

现代建筑日渐国际化的趋势和"国际式"风格的无限蔓延甚至拙劣模仿，带来了建筑文化的单一化和地方精神的失落。"国际式"这种武断的世界模式正在吞噬着一部分悠久文明的传统文化资源，也将扼杀全球文化的多样性和独创性。因此，从 20 世纪 70 年代起，对建筑地域性的关注逐渐成为自觉意识，并且成为一个全球性的问题。新地域主义的倾向就是这一文化反思在建筑领域的直接反映，是一种分布广泛、形式多样的建筑实践倾向——与地区的文化、地域特征紧密联系。创造适应和表征地方精神的当代建筑，以抵制国际式现代建筑的无尽蔓延。

一、表现特征

建筑总是联系着一个地区文化与地域特征，应该创造适应和表征地方精神的当代建筑，关注建筑所处地方文脉和都市生活现状，使建筑重新获得场所感和归属感。具体表现为：适应地方气候；利用地方资源；吸取地方传统建筑经验或形式；关注建筑所处的地方文脉和都市生活状况；试图从场地、气候、自然条件、传统习惯和都市文脉中去思考当代建筑的生成条件和设计原则；使建筑重新获得场所感和归属性；既响应场所精神，又积极为本土文化建立新的时代品质。

二、代表人物

代表人物有西班牙的拉斐尔·莫奈奥，葡萄牙的阿尔巴罗·西扎，印度的查尔斯·柯里亚、B·V·多西，马来西亚的杨经文，意大利的伦佐·皮亚诺和日本的安藤忠雄等。

（一）查尔斯·柯里亚

印度孟买建筑师查尔斯·柯里亚是第三世界发展低收入者住宅的先驱之一，为穷人提供了可供选择的住宅模式，作品特别重视流行的资源、文化和气候条件，跻身于当代世界各地最优秀的建筑设计大师之列。其作品相当广泛，包括沙巴麦迪·阿希兰姆的麦哈特玛·甘地纪念馆，赛普洱的贾瓦哈·卡拉·肯得拉，麦达哈雅·普来得西的州议会大楼等。

（二）B·V·多西

B·V·多西是与查尔斯·柯里亚齐名的印度建筑设计师，在运用现代建筑与本国国情、本国地方地理和气候条件、本土民族文化等相结合方面作出了积极的有创造性的探索和实践，走出了一条独特的植根于印度本土文化的新印度建筑之路，取得了辉煌的成绩。

（三）阿尔瓦罗·西扎

阿尔瓦罗·西扎 1933 年出生于葡萄牙马特西诺斯，1949 年开始在波尔图大学建筑系学习，1955—1958 年与老师费尔南多·塔沃拉共同工作，后建立自己的工作室。早期建筑作品表现出对源于"地方"与"乡土"的形式的敏锐探寻，通过致力于用现代的手法演绎葡萄牙传统。西扎的建筑也表现出摒弃装饰的倾向，力图用简洁的形式表现建筑内在的丰富性。

三、代表作

（一）贾瓦哈·卡拉·肯德拉博物馆

贾瓦哈·卡拉·肯德拉博物馆于 1992 年建成，设计师为查尔斯·柯里亚。贾瓦哈·卡拉·肯德拉博物馆位于印度拉贾斯坦邦的首府斋浦尔市，该市是建于中世纪的一座印度古城，1728 年由卡奇瓦哈国王、斋·辛格二世建造，最初的城市规划采用了印度婆罗门教的曼陀罗模式，"浦尔"则是"城墙包围的城市"之意（图 5-3-1 ~ 图 5-3-3）。

查尔斯·柯里亚沿用了曼陀罗宗教图式，把这个作

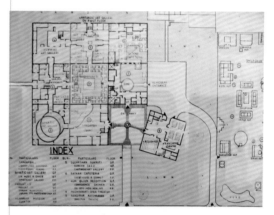

图 5-3-1 贾瓦哈·卡拉·肯德拉博物馆平面图

图 5-3-2 贾瓦哈·卡拉·肯德拉博物馆入口

图 5-3-3 贾瓦哈·卡拉·肯德拉博物馆庭院

为艺术中心的博物馆划分为 30×30 米大小的 9 个独立的组团，用 8 米高的混凝土框架结构，外饰红色砂岩外墙限定。入口处的组团局部扭转稍加游离，形成在规整中有变异的平面，和城市的文脉取得某种关联。九个正方形组团分别代表了不同的行星及各自的属性，室内色彩分别采用了神话赋予九大行星各自独特的色彩，建筑外墙分别装饰着九大行星各自的符号，在建筑局部还采用了不同石材镶嵌而成的壁画，使得博物馆肃穆而略带几分神秘色彩。

第一个方形空间对应火星，象征着"力量"，颜色为红色，功能是行政办公。

第二个方形空间对应月亮，象征着"心脏"，颜色为黑白相间，功能是自助餐厅及客房。

第三个方形空间对应的是水星，象征着"教育"，颜色是金黄色。首层展示珠宝、手稿，二层展示陶器、建筑等民俗艺术。

第四个方形空间对应的是一个虚构的行星——凯图星，象征着"毒蛇"，颜色为褐色和黑色，集中展示拉贾斯坦邦的传统服饰和纺织品。

第五个方形空间对应土星，象征着"技术"，颜色为土红，展示精致的手工艺品。

第六个方形空间对应一个虚构的拉胡行星，象征着"日食"，颜色为珍珠灰。展区用来表现拉贾斯坦古代的战争故事，展示当时所使用武器的仿真品。

第七个方形空间对应木星，象征着"知识"，颜色为柠檬黄，功能为图书馆。

第八个方形空间对应金星，象征着"艺术"，颜色为白色，功能为剧场。

第九个方形空间对应太阳，象征着"创造力"，颜色为红色。采用露天剧场的形式，位于整个建筑空间的中心，象征着宇宙的力量源泉。功能是传统舞蹈和戏剧演出。

贾瓦哈·卡拉·肯德拉博物馆实现了各种艺术活动的需要，满足了建筑中的物质因素；同时人们身处其中，无时不能体会到建筑中的宗教精神因素。它蕴含古老世界的观念，并结合现代建筑的材料和审美观念，创造出了独特精神体验的新地域主义建筑作品。

（二）侯赛因 – 多西画廊

多西画廊于 1995 年建成，设计师为 B．V．多西。该画廊用以陈列印度著名艺术家侯赛因的作品。由自然、有机形态构成，画廊中彼此相连、埋入地下，具有洞穴的意象。一系列圆和椭圆形单元构成的空间与外形使人联想到佛教的窣堵坡（即佛塔，是埋葬佛祖释迦牟尼火化后留下的舍利的一种佛教建筑）、支提窟（僧侣聚会及礼拜的场所，其形式为长方形，石壁前有两排列柱，底部中央有一佛塔）和毗诃罗（出家僧人集体居住静修的精舍、僧院和学园）等，是追求知识的象征，并隐喻光明之源泉。鼓起的壳体结构和碎瓷片的表面材料类似印度城乡流行的湿婆（毁灭之神，印度教三大神之一）神龛的穹顶，眼睛般的窗在达到采光与隔热最佳平衡的同时，赋予室内神秘的光感（图 5-3-4）。

（三）吉芭欧文化中心

吉芭欧文化中心于 1998 年建成，设计师为伦佐·皮亚诺。该建筑坐落在西南太平洋新喀里多尼亚的努美阿半岛上，包括长期的和暂时的展览馆、多媒体图书馆、内部和外部的活动空间及主题场景，总建筑面积为 7650 平方米。伦佐·皮亚诺结合当地的生态环境、气候特点和实际操作可能性，选取原生材料，提取和简化当地传统棚屋的民居形式，用现代技术建造了这些"棚屋"。吉芭欧文化中心的这些"棚屋"不仅仅是外形逼真，它还使用了内、外双层肋板结构，利用当地的信风形成自然通风，调节室内温度，抵抗飓风，隔绝噪音，更奇特的是被动式通风系统在使空气循环时，赋予了建筑一种类似海风吹过树林时所形成的特别的声响，其功能超越了遮蔽和适应气候的作用，它向世人展示了建筑的语言是如何将一种地方的自然和人文景观编织得如画一般，它被评述为"展现的是一种高技术与本土文化、高技术与高情感的结合"，因此获得了当年的普利兹建筑奖，2000 年又获得"自然之魂木建筑奖"（图 5-3-5）。

图 5-3-4 侯赛因－多西画廊

图 5-3-5 吉芭欧文化中心

第四节　解构主义

解构主义是从"结构主义"中演化出来的。它的形式实质是对于结构主义的破坏和分解。这是一种具有广泛批判精神和大胆创新姿态的思潮。解构主义是指对于现代主义、国际主义的正统原则与正统标准的否定和批判。试图建立起关于建筑存在方式的全新思考，它倾向于从感性出发去把握时代精神，认为今日世界是一个暂时性的、呈碎片状的、永在不断变化中的一片混乱，建筑师就应该用建筑语言对这种生存状态敏感地加以表达，但这也依赖时代技术成就。

一、表现特征

解构主义挑战了形式与功能的逻辑关系；挑战了符号与意义传达的必然性；挑战了一种形式与一种意义的对应关系，是一种更加多元的设计策略。同时体现在艺术上的前卫姿态，证明了西方建筑艺术试图不断走向形式突破的创新传统。形式上追求散乱、突变、奇绝、反常、残缺、动势的特点。

二、代表人物

代表人物有美籍意大利人弗兰克·盖里、瑞士的伯纳德·屈米、美国的彼德·埃森曼、英国的扎哈·哈迪德、荷兰的雷姆·库哈斯等人。

（一）伯纳德·屈米

伯纳德·屈米是著名建筑评论家、设计师。他出生于瑞士，毕业于苏黎世科技大学，具有法国、瑞士以及美国国籍，任哥伦比亚大学建筑学院院长。他把雅克·德里达的解构主义理论引入建筑理论，主张应该把许多存在的现代和传统的建筑因素重新构筑。

（二）弗兰克·盖里

弗兰克·盖里以设计具有奇特、不规则曲线造型、雕塑般外观的建筑而著称，被认为是世界上第一个解构主义的建筑设计家。1989 年，他获得普利策建筑奖，同年被提名为在罗马的美国建筑学会理事；1992 年，获得 Wolf 建筑艺术奖，并被提名为 1992 年建筑界最高荣誉奖的领奖人；1994 年，成为 Lillian Gish Award 终生贡献艺术奖项的第一位得奖人；同年，他被国家设计学院授予院士头衔。盖里把建筑工作当成雕刻一样对待，将形式脱离功能，所建立的不是一种整体的建筑结构，而是一种成功的想法和抽象的城市机构。

（三）雷姆·库哈斯

雷姆·库哈斯因设计我国中央电视台新大楼为国人熟识，他是荷兰大都会建筑事务所的首席设计师，哈佛大学教授，普利策建筑奖得主，荣获 2012 年度英国詹克斯奖。

（四）扎哈·哈迪德

扎哈·哈迪德 1950 年出生于巴格达，在黎巴嫩就读过数学系，1972 年进入伦敦的建筑联盟学院学习建筑学，1977 年毕业获得伦敦建筑联盟硕士学位。此后加入大都会建筑事务所，与雷姆·库哈斯和埃利亚·增西利斯一道执教于建筑联盟学院，曾在哥伦比亚大学和哈佛大学任访问教授，是 2004 年普利策建筑奖获奖者。

三、代表作品
（一）拉维莱特公园

拉维莱特公园建于 1987 年，设计师为伯纳德·屈米。该建筑坐落在法国巴黎市中心东北部，占地 55 公顷，为巴黎最大的公共绿地。东西向的乌尔克运河将全园一分为二；南北向的圣德尼运河从公园的西侧流过。场地的北侧有已建成的高技派的科学与工业城，以及一个闪闪发光的球体环形影城，而场地的西南面是由 19 世纪用铁和玻璃建造的屠宰场改建的 241 米长、86 米宽的音乐会堂（图 5-4-1、图 5-4-2）。

屈米首先把基址按 120×120 米的尺寸画了一个严谨的方格网，在方格网内约 40 个交汇点上各设置了一个耀眼的红色建筑，屈米把它们称为 "Folie"，它们构成园中 "点" 的要素。每一 Folie 的形状都是在长、宽、高各为 10 米的立方体中变化。公园中 "线" 的要素有这两条长廊、几条笔直的林荫路和一条贯通全园主要部分的流线形的游览路。这条精心设计的游览路打破了由 Folie 构成的严谨的方格网所建立起来的秩序，同时也联系着公园中 10 个主题小园。公园中 "面" 的要素就是这 10 个主题园和其他场地、草坪及树丛。在拉·维莱特公园中，屈米就是把公园通过 "点" "线" "面" 三个要素来分解的，将传统的造园要素及手法加以分解、概括、抽象、引伸的再创造，从而具有强烈的时代感。

（二）毕尔巴鄂古根汉姆博物馆

古根汉姆博物馆于 1997 年落成，坐落于西班牙毕尔巴鄂勒维翁河南岸，设计师为弗兰克·盖里。博物馆占地 2 万 4 千平方公尺，陈列的空间则有 1 万 1 千平方公尺，分成 19 个展示厅，其中 1 间

图 5-4-1 拉维莱特公园

图 5-4-2 拉维莱特公园

图 5-4-3 毕尔巴鄂古根汉姆博物馆外檐

图 5-4-4 毕尔巴鄂古根汉姆博物馆室内

图 5-4-5 西雅图公共图书馆外檐

图 5-4-6 西雅图公共图书馆室内

还是全世界最大的艺廊之一，面积为 130 公尺乘以 30 公尺见方。博物馆造型由曲面块体组合而成，内部采用钢结构，外表用闪闪发光的钛金属饰面，钛板总面积为 2.787 万平方米，借助一套 V 空气动力学使用的电脑软件逐步设计而成。并采取拼贴、混杂、并置、错位、模糊边界、去中心化、非等级化、无向度性等各种手段，以奇美的造型、特异的结构和崭新的材料立刻博得举世瞩目，被认为是世界上最壮观的解构主义建筑，被誉为"未来的建筑提前降临人世"（图 5-4-3、图 5-4-4）。

（三）西雅图公共图书馆

西雅图公共图书馆也称为中央图书馆，高 11 层，总面积为 38300 平方米，其中包括 33700 平方米的总部办公室、阅览室、信息交流室、会议室、休闲区、职员办公室、儿童活动阅览区及礼堂，还有 4600 平方米的停车场。该建筑获得《时代》杂志 2004 年最佳建筑奖、2005 年美国建筑师协会杰出建筑设计奖，设计师为雷姆·库哈斯。折板状的建筑外型呼应西雅图错移的山脉与转折的河流，结合了传统书籍与当代网络功能，内部空间明亮宽敞（图 5-4-5、图 5-4-6）。

第五节 新现代主义

新现代主义是坚持现代主义思想，同时对早期现代主义的局限性进行改良、发展和完善。较之现代主义，新现代主义具有更为客观、冷静、多样、成熟、非教条的特征。新现代主义者们坚持现代主义理性和功能化，但同时又从不同的层面和角度进行重新诠释。

一、表现特征

新现代主义在坚持现代主义核心的前提下，吸收类型学、构成主义，甚至环境心理学、行为空间以及生态理论、资源理论等多方面思想，即可成为全面地、整体地解决建筑设计面临的新老问题的一把钥匙。新现代主义与其说是一种风格，不如说是一种方法。形式最终作为一个结果而不是目标呈现出来，形成一种自律的造型风格。

二、代表人物

代表人物有美国的理查德·迈耶、彼得·埃森曼，美籍华人贝聿铭，日本的前川国男、黑川纪章、矶崎新、安藤忠雄、桢文彦等。

（一）理查德·迈耶

理查德·迈耶是美国建筑师，也是现代建筑中白色派的重要代表。1935 年，理查德·迈耶出生于美国新泽西东北部的城市纽华克，曾求学于纽约州伊萨卡城康奈尔大学。早年曾在纽约的 S.O.M 建筑事务所和布劳耶事务所任职，并兼任过许多大学的教职，1963 年自行创业。它是当代最有影响力的建筑师之一，现代主义建筑"白色派"教父，2005 年获普利策奖，是该奖项的最年轻获得者。

（二）安藤忠雄

安藤忠雄 1941 年出生于日本大阪，是一位具有强烈个性特点的建筑师，从未受过正规科班教育，完全依靠本人的刻苦和才华禀赋，成为最具影响力的世界建筑大师之一。他善于运用混凝土材料以及木构建筑设计，更重要的是对建筑整体空间造型所表现出来的那种精神意象具有很深的造诣。1995 年获得普利策建筑奖。主要设计作品有水之教堂、光之教堂、福特沃斯现代美术博物馆、南岳山光明寺、水御堂等。

图 5-5-1 格蒂中心

三、代表作

（一）格蒂中心

格蒂中心于 1997 年落成，总耗资达十亿美元，设计师为理查德·迈耶。该建筑位于美国加利福尼亚州洛杉矶圣莫尼卡山脉上海拔 881 英尺高的山崖处，它包括一座非常现代化的美术博物馆、一个艺术研究中心和一所漂亮的花园。格蒂中心的主体是由大厅和一组独立展厅组成的美术馆，依山就势的展厅被巧妙地分为两组不对称的楼群，六幢展厅建筑造型风格相近，但却又各具变化，楼群中间则是露天庭院和水池，建筑群落的组织与环境完美结合。它与东京国际论坛和西班牙的古根海姆博物馆并称为 20

图 5-5-2 格蒂中心

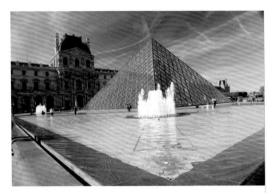

图 5-5-3 巴黎卢浮宫金字塔水池

图 5-5-4 巴黎卢浮宫中央售票大厅

图 5-5-5 巴黎卢浮宫中央售票大厅

世纪 90 年代三大杰出建筑（图 5-5-1、图 5-5-2）。

（二）巴黎卢浮宫扩建

巴黎卢浮宫扩建于 1988 年建成，设计师为贝聿铭。卢浮宫位于巴黎市中心的赛纳河北岸，始建于 1204 年，占地约 198 公顷，长 680 米，整体建筑呈"U"形，占地面积为 24 公顷，建筑物占地面积为 4.8 公顷，全长 680 米。为解决游人剧增导致的面积不足问题，需要进行扩建（图 5-5-3 ~ 图 5-5-5）。

扩建之后的新入口，分为地面和地下两部分。地面位于广场中央的玻璃金字塔高 21.6 米，各边长 35 米，采用不锈钢钢架支撑，塔的四个侧面由 673 块晶莹透亮的菱形玻璃拼组而成。大金字塔的高度被定为卢浮宫的三分之二，这一黄金比例让新入口极好地融入了卢浮宫原有建筑群的比例中。它的东、南、北面各有一个小金字塔，对着三个不同的展览馆。这些金字塔的周围还点缀有七个三角形喷水池。水池、玻璃倒映着蓝天白云和建筑，把建筑与景观融为一体，被称"卢浮宫院内飞来了一颗巨大的宝石"。

广场地下的工程是主要部分，包括了总建筑面积达 4.6 万平方米的地下设施，除了大金字塔覆盖着的中央售票大厅，还有商店、餐厅、图书馆、书店、车库以及卢浮宫的各个后勤服务部门。

第六节 发展的高技派

高科技风格的实质在于把现代主义设计中的技术因素提炼出来，加以夸张处理，形成一种符号的效果，赋予工业结构、工业构造和机械部件一种新的美学价值和意义。

一、表现特征

（一）20 世纪 60 年代的高技派

一方面表现为积极开创更复杂的技术手段来解决建筑甚至城市问题；另一方面表现为建筑形式上新技术带来的新美学语言的热情表达。

（二）20 世纪 70 年代之后的高技派

（1）以新技术手段创造性地解决建筑问题以及表现独特建筑美学的尝试。

（2）不再坚持技术的主导作用，而是更加关注如何拓展建构语言，如何使建造方式更加精良。

（3）在人文关怀建筑思潮的影响下表现出对环境、生态、文化历史的思考。

（4）在复杂的外形下，具有高度完整性和灵活性的内部空间。

（5）注重建筑部件的高度工业化、工艺化，从而显示建筑的工业技术含量。

（6）热衷于结构的外露，热衷于插入式舱体的使用。

（三）20 世纪 80 年代后转变的高技派

更冷静地看待技术对建筑的影响作用，更客观地审视工业革命以来不断涌现的、强调新技术影响下建造与建筑审美观转变的种种经验的探索。

二、代表人物

代表人物有英国的理查德·罗杰斯、诺曼·福斯特、尼古拉斯·格瑞姆肖、迈克尔·霍普金斯，法国的让·努维尔，西班牙的圣地亚哥·卡拉特拉瓦等。

（一）理查德·罗杰斯

理查德·罗杰斯 1933 年出生于意大利的佛罗伦萨，童年时期被认为智力低下而放弃接受正式的学校教育，但这不能抹杀其在建筑设计上的天分。他擅长在建筑中极力表现技术美，以强有力的视觉冲击体现着建筑技术对建筑创作的强大作用，创造出前卫、新奇的建筑形象。1991 年，被授予爵士头衔；1996 年，被封为"终身贵族"，获得"罗杰斯勋爵"的头衔；2007 年，获得普利策建筑奖。主要设计作品有巴黎的蓬皮杜艺术和文化中心、伦敦的"千年穹顶"等。

（二）诺曼·福斯特

诺曼·福斯特 1935 年出生在曼彻斯特，被誉为"高技派"的代表人物。他认为反技术如同向文明宣战一样站不住脚，认为建筑是产品，主张采用先进的大跨度结构；认为建筑应该给人一种强调的感觉，一种戏剧性的效果，给人带来宁静。1999 年，获得第 21 届普利策建筑奖。主要设计作品有香港汇丰总部大楼、德国国会大厦穹隆等。

三、代表作

（一）伦敦洛伊德保险公司大楼

该建筑于 1986 年建成，设计师为理查德·罗杰斯。洛伊德保险公司又译为劳埃德，是英国历史最悠久的保险公司，总部位于伦敦市金融中心地带，处于老旧的商业中心与高层办公大楼的交接点。大厦主体为长方形，中间是能同时容纳1万人工作的保险业务大厅，侧翼呈阶梯状布局的是写字楼。设计中有意将用钢板包裹的楼梯塔、主要管线，以及结构部分暴露在建筑外并大量使用不锈钢、铝材和其他合金材料构件，四周为玻璃幕墙，使整个建筑闪闪发光。面对低矮的房子时，采用逐层退缩的方式，由12层退缩至6层，并注意建筑物对街道上行人的影响，尽量减少对天际线的冲击，可见高技派也开始注重减弱文化上的反叛，多了建造技术的精美追求（图5-6-1、图5-6-2）。

（二）瑞士再保险公司总部大楼

这座楼高180公尺，共有40层，使用超过1万吨的钢材，由英国知名建筑师佛斯特设计，这座外形奇特的建筑看上去像是一个等待发射升空的导弹或火箭。2005年12月，这座大厦获得了由英国皇家建筑师学会颁出的"最佳英国建筑奖"以及"欧盟区内最佳英国建筑师设计奖"。瑞士再保险公司总部大楼还是伦敦金融城乃至伦敦市第一座节省能源的摩天环保大楼，其外表覆盖的玻璃相当于5个足球场的面积，

图5-6-1 伦敦洛伊德保险公司大楼外檐

图5-6-2 伦敦洛伊德保险公司大楼室内

1. 图 5-6-3 瑞士再保险公司总部大楼外檐

2. 图 5-6-4 瑞士再保险公司总部大楼内部

其内部网络系统保证大楼的有序运作（图 5-6-3、图 5-6-4）。

第七节 极少主义

极少主义又称"ABC 艺术"或"硬边艺术"，是 20 世纪 50 年代以美国为中心的美术流派，按照"减少、减少、再减少"的原则对画面进行处理，并力图采用纯客观的态度，排除创造者的任何感情表现。极少主义建筑则是以尽可能少的手段与方式，去除一切多余和无用的元素，以获得简洁明快的建筑空间，试图以最有限的手段创造最强劲的视觉冲击。极简主义在简洁的表面下往往隐藏着复杂精巧的结构，对空间质量的追求、对材料的表现符合 20 世纪纷繁的艺术世界中从具象到抽象的艺术趋势。

一、表现特征

现代社会中，"极少主义"正成为设计师的追求目标，这与社会生态学的发展密切相关，其本身就是一种典型的"绿色设计"，但"极少"而又避免"单调"。

（1）对建造形式、元素和方式的简化；

（2）追求建筑整体性表达，强调建筑与场所的关联；

（3）重视材料的表达，对材料的关注替代了建筑的社会、文化和历史意义；

（4）对细部的研究从形体转折变化上仔细推敲，转向重视表皮构造。

二、代表人物

代表人物有瑞士的雅克·赫尔佐格、皮埃尔·德梅隆、彼得·祖姆托、吉贡和古耶建筑设计事务所、阿尔伯托·坎波·巴埃萨，英国的约翰·鲍森，美国的彼得·马里诺，奥地利的鲍姆施拉格和埃伯勒等。

（一）雅克·赫尔佐格和皮埃尔·德梅隆

他们因设计 2008 年北京奥运会中心体育场的"鸟巢"而为人们所熟知。二人都曾就读于苏黎世联邦理工学院；于 1978 年在巴塞尔共同建立了 Herzog & de Meuron 建筑事务所；2002 年，获得了建筑业的最高荣誉——普利策奖。

（二）彼得·祖姆托

彼得·祖姆托 1943 年出生于瑞士，1958 年成为木匠学徒，1960 年在纽约市普拉特学院进修，1968 年成为一名建筑师，作品以简洁、独特、精致而闻名。为了表彰他设计的各种各样的建筑物——包括教堂、博物馆、高级住房和温泉设施，2009 年的普利策奖颁发给了他，最近则获得 2013 年"英国皇家建筑师协会皇家金奖"。

三、代表作

（一）戈兹美术馆

戈兹美术馆建于 1992 年，设计师为雅克·赫尔佐格和皮埃尔·德梅隆。该建筑是坐落在德国慕尼黑的一片别墅区内的私人美术馆，面积约 3000 平方米。这是一个方盒子式的 2 层建筑，垂直方向上划分为三段，上下两段为半透明玻璃，中间段为木质胶合板做适当的矩形分格，使得展览空间中柔和的日光从地面上 4 米的高度射入。内部空间平实的处理使艺术品真正成为了展示的主角。虽然美术馆的空间是最基本的几何形态，但是它的构

图 5-7-1 戈兹美术馆外檐   图 5-7-2 戈兹美术馆室内

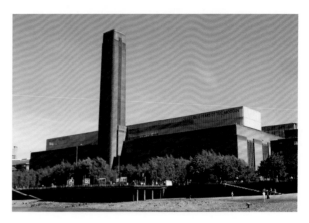

图 5-7-3 伦敦塔特现代美术馆外檐

造却充分体现了后工业时代新型建筑材料和工艺技术的精美（图 5-7-1、图 5-7-2）。

（二）伦敦塔特现代美术馆

伦敦塔特现代美术馆于 2000 年建成，设计师为雅克·赫尔佐格和皮埃尔·德梅隆。该建筑的场地原为泰晤士河畔发电厂房，在保留原有的红砖厂房结构建筑外形上又增建了玻璃幕墙建筑，材料的对比构成塔特现代美术馆粗犷的工业化风格，它充分完成了生产加工向艺术展示职能的过渡。雅克·赫尔佐格和皮埃尔·德梅隆凭借塔特现代美术馆获得 2001 年世界建筑设计最高奖"普利策奖"（图 5-7-3、图 5-7-4）。

图 5-7-4 伦敦塔特现代美术馆室内

|第六章| 现代建筑评析

第一节 德国汉堡港口新城

　　汉堡是德国第二大城市，濒临北海和波罗的海，与易北河相连，同时有阿尔斯特河、比勒河以及上百条河汊和小运河遍布市区，成为欧洲河、海、陆联运的重要枢纽，世界各地的远洋轮船都会在汉堡港停泊，因此，汉堡被誉为"德国通往世界的大门"。为了便于储藏货物，19世纪末汉堡建成了面积为30万平方米，世界上最大、最古老的仓库建筑群，这一片由红砖建筑物构成的免税港区，即被称为自由港汉堡和德意志帝国统一的标志——"仓库城"（图6-1-1）。当今为提升城市活力，启动了绵延3.3公里、总面积157公顷名为"海港新城"的建设项目，它是目前欧洲最大的在建工地，随着工程的进展，使这个100多年前让位给码头和仓库建筑的地区重新焕发了活力，成为新一代汉堡人的骄傲。

　　经过多年的努力，港口新城逐渐建设成为一个集居住、休闲、旅游、商业和服务业功能于一身，符合人们对现代生活的需求的新型城区，打造成了一座既拥有厚重历史，也拥有灿烂未来的新城区（图6-1-2）。

图 6-1-1 德国汉堡仓库城

图 6-1-2 德国汉堡海港新城

一、德国汉堡易北河音乐厅

易北河音乐厅全称"易北河爱乐音乐厅"，由瑞士赫佐格和德默隆建筑师事务所设计，2007年正式动工，计划2011年底竣工，但工期一拖再拖，目前仍在修建中，造价也由最初的7.7千万欧元一路飙升至5.03亿欧元。但这丝毫不影响其将成为一件融合建筑、精美音乐和码头上唯一货栈的艺术珍品。

易北河爱乐音乐厅（图6-1-3）位于汉堡市区，是港口和易北河的交汇点绝佳的位置上闪闪发光的明珠。珍惜而善待历史的德国人没有采用拆旧建新的做法，而是充分利用一栋旧仓库（建筑下面红砖部分）作为底座，上面加建如同悬浮在红砖仓库上的一块浮冰的玻璃体，共同打造一座新旧共构的建筑。改建后的复合体共26层，110米高，包括一个250间客房的五星级酒店，47间公寓，此外还有一个2150个座位的爱乐音乐厅和550个座位的管弦乐音乐厅等，总建筑面积约为12万平方米。音乐厅外墙由1100个带有涂层和图案的玻璃以不规则的形式拼成波浪起伏的形状，像是闪耀着迷人光辉的巨型舰船。这可不是单纯的美观，背后隐藏更多关于节能的考虑：玻璃上带白点的光栅，用来防阳光曝晒；马蹄状的住房阳台，既提供了良好视野，又具有防风和侧面排风的功能。

图6-1-3 德国汉堡易北河音乐厅

二、德国汉堡 H2O

H2O是取英文"home to office"的简称，既有商住两用楼的概念，又有亲水而建的寓意。在上海世博会上，城市最佳实践区案例馆，那座不需要任何控温设施却能四季如春的"被动屋"汉堡之家，其原型便是来自海港新城的环保建筑H2O，其最大的特点就是节能。南北面的窗子的大小，四个方向的挑空设计，屋顶上的光伏设备就可以提供整个汉堡之家80%的能量需求。从地底35米深处抽取地下水和地热能源，通过地源热泵系统，水流经整个楼体，最终回到地下，保证室内的温度调节。通过这样一系列的措施，充分利用了环境中那些平时没有注意的能量。受益于生态和新城的概念，"被动屋"俨然成为了汉堡地区最昂贵的住宅区之一（图6-1-4、图6-1-5）。

图6-1-4 德国汉堡海港新城H2O

1. 图 6-1-5 德国汉堡海港新城 H2O

2. 图 6-1-6 德国汉堡新联合利华总部大楼

3. 图 6-1-7 德国汉堡 AM KAISERKAI 56 住宅

三、德国汉堡新联合利华总部大楼

新联合利华总部大楼坐落在易北河右岸，建筑面积 38000 平方米，设计师为德国建筑师史蒂芬·贝尼奇。该建筑的主要核心部分是它的中庭，位于建筑底层，采光良好，能够让来访者很好地了解整个公司，同时也是人们聚会和联系的场所。通过使用节能 LED 灯照明以及水制冷，它可以减少 70% 的电力和 40% 的供暖消耗。这座大楼在 2009 年获得世界建筑节能办公建筑奖，又被称为汉堡港口新城可持续办公建筑的样板楼（图 6-1-6）。

四、德国汉堡 AM KAISERKAI 56 住宅

该建筑由 LOVE 事务所设计，建筑总面积近 4000 平米。最为引人瞩目的是由金属板包裹、状似高铁列车仓、出挑很大的阳台、白色的墙面加以深色的玻璃，整体对比鲜明且纯净（图 6-1-7）。

五、德国汉堡《明镜周刊》总部大楼

《明镜周刊》是德国最著名的周刊之一，1947 年创刊，重调查性报道，敢于揭露政界内幕和社会弊端，在国内外有相当大影响，其总部坐落于汉堡港口新城。大厦 2011 年落成，总楼面面积为 5 万平方米，设计师为丹麦建筑师亨宁·拉森。两座建筑的设计形成巨大的"U"形，朝向巨大开放的 Lohsepark 公园，建筑外形清晰，将绿植引入到建筑内部不同高度的空间，环境怡人（图 6-1-8）。

图 6-1-8 德国汉堡《明镜》周刊总部大楼

六、德国汉堡 SPV1-4 苏门答腊办公大厦

SPV1-4 苏门答腊办公大厦于 2011 年落成，总建筑面积约为 3.7 万平方米，设计师为埃里克·范·埃格拉特。建筑外部由玻璃和铝材混合打造而成，朝向街道的外立面主要由红色天然石材砌成，与汉堡传统红砖呼应；内庭院的外墙则是白色的。建筑师采用纵向的建筑表皮手法加强建筑的高耸感，具有强烈的视觉效果（图 6-1-9、图 6-1-10）。

图 6-1-9 德国汉堡苏门答腊办公大厦

图 6-1-10 德国汉堡苏门答腊办公大厦

七、德国汉堡马可波罗塔

　　这座高 55 米的塔楼是该区域的地标，设计师为德国建筑师史蒂芬·贝尼奇。其建筑造型独特，地上有 17 层，每层旋转一定角度，层层后退的平面加之悬挑的阳台能遮挡住直射的阳光，因而不必再设置附加的遮阳构件。向南倾斜的屋面便于安放太阳能板。它是形式与生态节能完美结合的产物（图 6-1-11）。

八、德国汉堡海港新城其他主要建筑

　　参见图 6-1-12~ 图 6-1-17。

1. 图 6-1-11 德国汉堡马可波罗塔

2. 图 6-1-12 德国汉堡海港新城

3. 图 6-1-13 德国汉堡海港新城

4. 图 6-1-14 德国汉堡海港新城

5. 图 6-1-15 德国汉堡海港新城

6. 图 6-1-16 德国汉堡海港新城

7. 图 6-1-17 德国汉堡海港新城

第二节 德国杜塞尔多夫媒体港湾

杜塞尔多夫位于莱茵河畔，是德国北莱茵－威斯特法伦州首府，市区人口约为57万人，是德国重要的经济中心之一，又是一座艺术之城，是德国仅次于汉堡的广告业之都，而其中80%左右的设计企业就集中在"媒体港湾"（图6-2-1、图6-2-2）。

媒体港湾是莱茵河老港口改造的项目，贸易港上的码头堤岸、码头阶梯、铁系揽柱、铁扶手、运货的铁轨和配套的起重机都属于纪念物受到保护，同时配置最先进的媒体高新技术，给旧空间批上了新衣。特别的是，这个不足4平方公里范围内的港湾，改造原则是"个性化并且能适应它未来使用者的要求"，使得这个地区的建筑风格并不整齐划一，而更多的是个性彰显，也得益于诸多国际上具有创新精神的建筑师，如弗兰克·盖里、戴维·奇普菲尔德、乔·柯伦、斯蒂文·霍尔、克劳德·瓦斯克尼等人。

十年前废弃的构筑物，如今已有多达128家传媒与广告业公司进驻，几乎囊括德国最重要的一批报纸与电视，甚至影视公司，令媒体港湾名副其实。"历史建筑活化＋文化产业园区"的模式包括对历史的认识和理解，同时又为城市塑造了一种全新的生活模式，在步行距离范围内就可实现传媒企业与广告企业间的交互与紧密联系，促使更多广告企业进驻。

图6-2-1 德国杜塞尔多夫媒体港湾

图6-2-2 德国杜塞尔多夫媒体港湾

图 6-2-3 德国杜塞尔多夫海关大楼

一、杜塞尔多夫海关大楼

杜塞尔多夫海关大楼于 1999 年落成,因其扭曲的特异造型也被称为"跳舞的房子",设计师为弗兰克·盖里。杜塞尔多夫海关大楼包括白建筑、镜像立面、砖立面三栋建筑,三座建筑均为混凝土板结构,于外立面上开设凸窗,每座建筑外饰材料各不相同。中间是一栋较矮的金属材料覆盖外墙楼体,东面的白色石膏外墙和西面的红色砖块外墙楼体是两栋分别由九个模块组成的独立楼体。三栋纠结在一起的建筑坐拥莱茵河南岸最开阔的水域,视野不受对面驳岸的干扰(图 6-2-3 ~图 6-2-6)。

二、杜塞尔多夫凯悦酒店

杜塞尔多夫凯悦酒店于 2010 年落成,由德国 JSK 建筑师事务所设计。该建筑共 19 层,高 65 米,是一个现代和优雅的商务酒店,位于杜塞尔多米堤亚港口媒体港湾顶端。建筑有长达 16 米的悬挑,给人轻挑、震撼的感受(图 6-2-7、图 6-2-8)。

图 6-2-5 德国杜塞尔多夫海关大楼

图 6-2-4 德国杜塞尔多夫海关大楼

图 6-2-6 德国杜塞尔多夫海关大楼

三、莱茵威斯特法伦州经济研究所大厦

该大厦总建筑面积为 4.6 万平方米，高 13 层，包括行政大楼、商业大楼和办公楼等。四个银色的塔楼由两层楼的低层建筑连接在一起。建筑风格突出，铝和玻璃为主要的外墙材料体现复杂精湛的建造技艺（图 6-2-9）。

四、杜塞尔多夫城市之门

杜塞尔多夫城市之门于 1998 年完成，高 72.55 米，平面呈平行四边形，总建筑面积约为 3 万平方米，是杜塞尔多夫的著名地标，北莱茵－威斯特法伦州政府所在地。该大厦是绿色节能建筑的典范，采用双层玻璃幕墙，拥有 14000 个传感器，自动控制辐射采暖。两个 16 层的塔楼附上 56 米的中庭设计，以实现最大的自然采光和高效的通风，整体建筑设计和系统能节省能源 70% 以上（图 6-2-10、图 6-2-11）。

图 6-2-7 德国杜塞尔多夫凯悦酒店

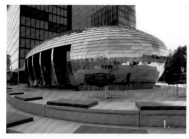

1. 图 6-2-8
德国杜塞尔多夫凯悦酒店附属商店

2. 图 6-2-9
莱茵威斯特法伦州经济研究所大厦

3. 图 6-2-10
德国杜塞尔多夫城市之门

4. 图 6-2-11
德国杜塞尔多夫城市之门

图 6-2-12 德国杜塞尔多夫 Hafen 大厦

五、德国杜塞尔多夫 Hafen 大厦

Hafen 大厦于 2011 年落成，高 70 米，建筑面积为 14625 平方米。由于 Hafen 大厦处在众多非常个人主义的建筑物之中，因此该建筑被衬托得简洁、优雅，它不是通过形式和风格让人信服，而是通过建筑材料的质量、空间使用的灵活性和高舒适度来取胜（图 6-2-12）。

六、德国杜塞尔多夫媒体港湾其他主要建筑

参见图 6-2-13 ～图 6-2-20。

1. 图 6-2-13 德国杜塞尔多夫媒体港湾建筑

2. 图 6-2-14 德国杜塞尔多夫媒体港湾建筑

3. 图 6-2-15 德国杜塞尔多夫媒体港湾建筑

4. 图 6-2-16 德国杜塞尔多夫媒体港湾建筑

5. 图 6-2-17 德国杜塞尔多夫媒体港湾建筑

6. 图 6-2-18 德国杜塞尔多夫媒体港湾建筑

7. 图 6-2-19 德国杜塞尔多夫媒体港湾建筑

8. 图 6-2-20 德国杜塞尔多夫媒体港湾建筑

图 6-3-1 德国汉堡 DockLand 办公楼

第三节 DockLand 办公楼

　　DockLand 办公楼于 2002 年兴建，由德国著名的建筑事务所 BRT Architects 设计。该建筑建在汉堡港北易北河和鱼市码头之间。总建筑面积为 13544 平方米，其中办公使用面积约为 9000 平方米。这个平行四边形形状的办公楼是悬挑结构的杰作，出挑距离达到 40 米，却给人相当稳定的感觉。建筑采用了防腐蚀的双层玻璃幕墙，整体巨型钢桁架简洁明了，相对纤细的构件尺寸使建筑又显得十分轻盈。沿着露天台阶可以抵达建筑物顶部的平台观赏码头风情，尤其是在晚上，可以欣赏对面码头上以及河面上的灯影波光的绚丽美景（图 6-3-1 ~ 图 6-3-3）。

图 6-3-2 德国汉堡 DockLand 办公楼

图 6-3-3 德国汉堡 DockLand 办公楼

第四节 德国汉诺威北德意志银行大厦

北德意志银行大厦位于德国北部城市汉诺威的市中心，于 2002 年建成，总建筑面积为 7.5 万平方米，造价达 1 亿 8 千万美元，由贝尼奇及合伙人建筑师事务所设计。这栋玲珑剔透，仿佛由深蓝色玻璃搭建的积木大厦被评为全球 50 大奇特建筑之一。新颖明朗的形体、精致的建筑构件、建筑各部分间的严谨逻辑关系透出德国建筑的理性之美，实现着现代建筑与历史环境的良好对话（图 6-4-1～图 6-4-3）。

透过轻盈的玻璃幕墙，看到的是北德意志银行大厦生态节能方面的科技运用。双层表皮系统、蓄热楼板、地热能、自动遮阳和反光装置等生态技术手段，使建筑达到对太阳能、自然风、地热能等自然资源的最佳利用，建筑内部无需使用空调。同时，对自然光的良好利用，也极大降低了对人造光源的依赖。

可以说整栋建筑是高科技建筑、生态理念和人文精神的完美结合，实现了建筑、生态和人文的和谐共生，为城市注入了新的活力，同时也成为了汉诺威市的一个新地标。

1. 图 6-4-1
德国汉诺威北德意志银行大厦

2. 图 6-4-2
德国汉诺威北德意志银行大厦

3. 图 6-4-3
德国汉诺威北德意志银行大厦

图 6-5-1 挪威奥斯陆歌剧院

图 6-5-2 挪威奥斯陆歌剧院

图 6-5-3 挪威奥斯陆歌剧院

图 6-5-4 挪威奥斯陆歌剧院

第五节 挪威奥斯陆歌剧院

奥斯陆歌剧院的设计师为挪威的罗伯特·格林伍。该建筑于 2003 年开始修建，2007 年竣工，占地面积为 38500 平方米，高约 58 米，总共花费 5200 万美金，取代悉尼歌剧院成为全世界单一厅堂投资金额最高的歌剧院。先后获得了 2008 年巴塞罗那举办的世界建筑节文化大奖，2009 年欧盟现代建筑大奖，被誉为"未来派典范之作"。矗立在海港旁的歌剧院外形棱角分明，外墙面由 3500 块白色意大利卡拉拉大理石覆盖，大面积的落地玻璃晶莹剔透，整个建筑犹如漂浮在水面上的冰山，与周边的自然环境融为一体，成为高雅艺术的象征。游客还可以通过巨大坡道上到 32 米高的石制屋顶，登高远望，一览奥斯陆峡湾风光。歌剧院内部精致考究，属于典型的斯堪纳维亚装饰风格，充满活力且高贵典雅。奥斯陆歌剧院内有 1100 间房间，主厅共有 1364 个座位。（图 6-5-1 ~ 图 6-5-4）

图 6-6-1 荷兰阿姆斯特丹眼睛电影文化中心

第六节 荷兰阿姆斯特丹眼睛电影文化中心

眼睛电影文化中心于2012年落成,设计师为奥地利的德卢甘·斯尔。这座如宇宙飞船形状的前卫的建筑耸立在临近阿姆斯特丹中央火车站旁侧,这里不仅收藏了大量电影资料,而且拥有4个现代化的电影放映厅,最大的1个厅有315个座位,另外还有足够的空间用于展览、教育和其他活动。它将成为阿姆斯特丹的新地标,是乘坐游艇游览阿姆斯特丹运河风光的游客们必看不可的一处新景点(图6-6-1~图6-6-3)。

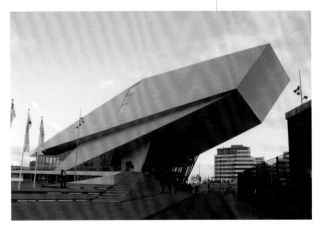

图 6-6-2 荷兰阿姆斯特丹眼睛电影文化中心

图 6-6-3 荷兰阿姆斯特丹眼睛电影文化中心

|第七章| 欧洲近现代建筑鉴赏

图 7-1 丹麦哥本哈根歌剧院

图 7-2 丹麦哥本哈根路易斯·杜莎蜡像博物馆

图 7-3 瑞典斯德哥尔摩中心火车站

图 7-4 芬兰赫尔辛基富布赖特中心

图 7-5 芬兰赫尔辛基金融大厦

图 7-6 挪威奥斯陆滨海新区住宅建筑

图 7-7 挪威奥斯陆滨海新区住宅建筑

图 7-8 挪威奥斯陆滨海新区住宅建筑

图 7-9 捷克布拉格施瓦岑贝格宫

图 7-10 匈牙利布达佩斯荷兰国际集团大厦

图 7-11 奥地利维也纳哈斯·汉斯大厦

图 7-12 奥地利萨尔斯堡某小型建筑

图 7-13 瑞士苏黎世某景观商业建筑

图 7-14 瑞士卢塞恩某住宅建筑

图 7-15 卢森堡某商业建筑

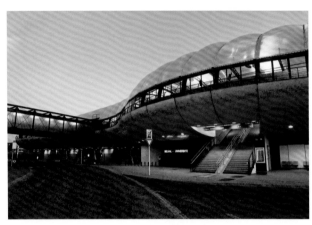

图7-16 卢森堡火车站

图7-17 法国巴黎某办公建筑

图7-18 法国巴黎老佛爷百货商场

图7-19 荷兰阿姆斯特丹海事博物馆

图 7-20 荷兰阿姆斯特丹存车楼

图 7-21 意大利威尼斯卡拉特拉瓦桥桥头

图 7-22 德国柏林中央火车站

图 7-23 德国柏林总理府

图 7-24 德国柏林总理府

图 7-25 德国柏林购物中心

图 7-26 德国柏林历史博物馆

图 7-27 德国柏林某写字楼

图 7-28 德国柏林 Alexa 购物中心

图 7-29 德国柏林某购物中心

图 7-30 德国柏林爱乐音乐厅

图 7-32 德国柏林科技博物馆　　　　图 7-31 德国柏林罗杰大厦

图 7-33 德国柏林犹太博物馆

图 7-35 德国柏林索尼中心

图 7-34 德国柏林剧院

图 7-36 德国柏林小型商场

图 7-37 德国汉诺威盖里塔

图 7-38 德国汉诺威安联办公楼

图 7-39 德国汉诺威卡斯滕斯酒店

图 7-40 德国汉诺威 Sportscheck 体育用品连锁酒店

图 7-41 德国汉诺威 Tkmxx 品牌折扣店

图 7-42 德国汉诺威卡尔施泰特体育用品店

图 7-43 德国汉诺威历史博物馆

图 7-44 德国多特蒙德商业银行

图 7-45 德国多特蒙德卡尔施泰特运动用品专卖店

图 7-46 德国多特蒙德奥立弗专卖店

图 7-47 德国科隆铂尔曼酒店

图 7-48 德国科隆大清真寺

图 7-49 德国科隆 Kranhaus 商业中心

图 7-50 德国科隆微软办公楼

图 7-51 德国科隆凯悦酒店

图 7-52 德国科隆会展中心

图 7-53 德国科隆爱乐音乐厅

图 7-54 德国科隆市会议大厦

1. 图 7-55 德国杜塞尔多夫盖璞大厦

2. 图 7-56 德国杜塞尔多夫音乐厅

3. 图 7-57 德国杜塞尔多夫某写字楼

4. 图 7-58 德国杜塞尔多夫蒂森大厦

5. 图 7-59 德国波恩现代美术馆

图 7-60 德国波恩联邦邮政大厦

图 7-61 德国波恩德国之声总部

图 7-62 德国不莱梅州议会大厦

图 7-63 德国不莱梅宇宙科学中心

图 7-64 德国法兰克福麦瑟大厦

图 7-65 德国法兰克福会展中心

图 7-66 德国法兰克福论坛大厦

图 7-67 德国法兰克福卓美亚酒店

图 7-68 德国法兰克福商业银行大厦

图 7-69 德国法兰克福银座大厦

图 7-70 德国法兰克福世界银行总部

图 7-71 德国法兰克福亚美隆德维尔酒店

图 7-72 德国法兰克福 Deka 银行大厦

图 7-73 德国法兰克福瑞银大厦

图 7-74 德国莱比锡大学

图 7-75 德国莱比锡公园餐厅

图 7-76 德国莱比锡胡根都伯尔图书大厦

图 7-77 德国德累斯顿健康中心

图 7-78 德国德累斯顿某购物中心

图 7-79 德国德累斯顿犹太人会馆

图 7-80 德国德累斯顿某购物中心

图 7-81 德国德累斯顿 UFA 电影中心

图 7-82 德国斯图加特皮克与克洛彭堡百货公司

图 7-83 德国斯图加特普华永道国际会计事务所

图 7-84 德国斯图加特巴登－符腾堡州银行

图 7-85 德国斯图加特读者文摘出版社

图 7-86 德国斯图加特 R+V 保险公司大厦

图 7-87 德国斯图加特 Lbbw 商业银行大厦

图 7-88 德国斯图加特

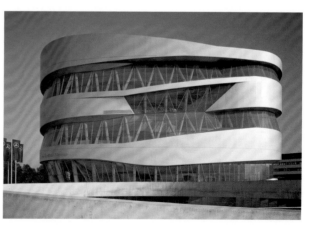

图 7-89 德国斯图加特梅赛德斯－奔驰博物馆

图 7-90 德国罗斯托克土星电器商场

图 7-91 德国罗斯托克港汇酒店

图 7-92 德国慕尼黑恩尔茨酒店

图 7-93 德国慕尼黑某购物中心

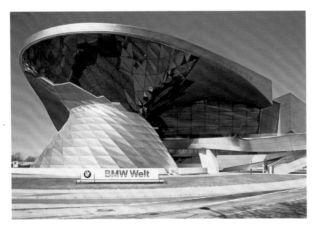

图 7-94 德国慕尼黑宝马世界

图 7-95 德国汉堡古纳亚尔出版大厦

图 7-97 德国汉堡苏黎世保险公司大楼

图 7-96 德国汉堡古纳亚尔出版社

图 7-98 德国汉堡土星电器商场

图 7-99 德国汉堡 ERGO 保险公司

图 7-100 德国汉堡智利大厦

图 7-101 德国汉堡劳动事务所

图 7-102 德国汉堡 Berliner Bogen 办公大楼

图 7-103 德国汉堡 IBM 大厦

图 7-104 德国汉堡会展中心

图 7-105 德国汉堡普华永道国际会计事务所